我做的麵包
可以賣！

日本「Soleil」麵包教室負責人

松本洋一　著

瑞昇文化

Contents

CHAPTER 2

人 氣 麵 包 大 集 合 !

主食麵包和茶點麵包

CHAPTER 3

希 望 傳 遞 的 美 味！

12個月的季節麵包禮物

CHAPTER 4

悠 閒 慢 食 、 自 由 自 在

天然酵母麵包

column

本 書 的 注 意 事 項

＊本書中，高筋麵粉統一採用日本國產高筋麵粉、乾酵母為速發乾酵母、砂糖為黃砂糖、天然鹽為無鹽奶油。使用外國產麵粉時，混入麵團中的水量請多增加5%。

＊計量單位1小匙＝5ml、1大匙＝15ml、1杯＝200ml。製作麵包的作業非常的精微，儘可能精確的準備材料，本書的液體單位也採用不易產生誤差的g來標記。

＊本書的製作分量，是以一次烘烤1片30×30cm烤盤的分量為標準。

＊Total時間為大致的標準，不包含事前準備的時間。

＊烤箱基本上是採用電烤箱。不同機型的烘烤狀況也不同，請以食譜中的烘烤時間和溫度為基準，一面察看烘焙情形，一面進行調整。

※ 編註：黃砂糖是製糖過程的第二道產品，所以又稱做「二號砂糖」或是「二級砂糖」，一般又稱「二砂」。
　　是製作麵包、甜點時常用的材料。

麵包的製作流程

1 ▶▶▶
計量

計量所需的所有材料，在最佳的狀態下備齊。
▶p.8

2 ▶▶▶
揉麵

將材料混合、揉搓或摔打，製成麵包麵團。
▶p.9

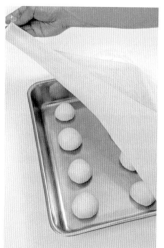

5 ▶▶
醒麵
(Bench Time)

為了讓麵團更容易整型，暫放讓它鬆弛一下。
▶p.13

6 ▶▶▶
整型

將麵團擴展、滾圓或塑成各種形狀，是調整麵包麵團外形的作業。
▶p.14

對於新手來說,在麵包的烘焙流程上,有一些未曾見過的專業術語,

乍看之下或許覺得很難。不過,大部分的麵包都依照這8個步驟製作而成。

換言之,只要掌握這個流程,大致就能瞭解麵包的製作。

3 ▶▶▶ 第 一 次 發 酵

讓麵團發酵、膨脹的第
一階段。
▶p.11

4 ▶▶▶ 分 割

配合不同麵包的製作,
將麵團平均分割後再滾
圓。
▶p.12

7 ▶▶▶ 最 後 發 酵

將這整型後的麵團再
次發酵、膨脹。
▶p.15

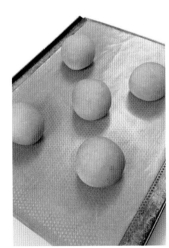

8 ▶▶▶ 烘 烤

烘烤麵包麵團。
▶p.15

1 計量

備妥製作麵包所需的材料，正確計量後備用。等作業熟練之後，雖然能一面計量一面混合，可是在還沒熟練之前，先將所有材料計量好備用，才能減少失誤，以利烘焙作業順利進行。此外，材料的狀態也需隨時注意調整，例如奶油恢復成室溫備用，以及依室溫來調整水分溫度等。

採用電子秤
較方便計量

計量時，使用能將材料放在容器中來秤重的電子秤，作業起來較便利。粉末、液體等材料即使有微量差異，也會改變麵團的狀態，所以請精確計量，連1g也不要有誤差。

配合室溫調整
水和鮮奶等水分的溫度

通常，麵包揉麵完成時的溫度最好在28~30℃之間。雖然揉麵完成的溫度，受到室溫、材料溫度很大的影響，但是只要改變混入麵團中的水分溫度，就能輕鬆控制。依據不同季節，大致的水溫標準如下表所示。溫度一旦達到45℃以上，酵母菌的作用就會降低，這點請注意。

季節	春	夏	秋	冬
溫度（℃）	30~35	20~30	30~35	35~40

在模型中
塗油備用

使用模型時，為避免麵團沾黏在模型上，裡面要塗抹油脂。建議可使用起酥油（shortening，俗稱白油），才不致影響麵包的味道。模型邊角的細部，也要用手指充分塗抹。另外，還可以使用市售的方便型噴霧式料理油。

2 揉麵

揉麵作業包含混合、揉搓和摔打材料。它是透過在麵粉中加入水分和物理作用，形成重要的麵筋，以便使麵包膨脹。經由揉麵形成最佳狀態的麵筋，是成功製作麵包的關鍵。

*麵筋 (Gluten，又稱麩質)…它是在麵粉中加入水和作用力，所形成的一種具有黏度和彈性的蛋白質。這種蛋白質包裹住酵母菌所產生的二氧化碳，麵包便會膨脹。

混合

先在攪拌盆中放入粉類，充分混合均勻，加入水分，混拌到水分完全與粉類融為一體。

刮板方便實用

混合粉類時，雖然可以用橡皮刮刀，但是如果使用各種狀況下都適用的刮板，不會增加需清洗的用具。刮板的圓弧曲線能貼合攪拌盆，因此可徹底刮除殘留在攪拌盆中的麵團。

將水分一口氣倒入凹洞

在粉類中央弄個凹洞，一口氣倒入水分或蛋汁等液體。因為一點點慢慢倒入混合，容易形成粉末顆粒，所以要一口氣全部倒入。

揉搓

製作麵包需經過揉搓的作業。此階段能產生麵筋，決定麵包組織的質地。

< 揉搓法 >

用手掌根部推搓麵團。

藉助體重，往前方推搓過去。

手掌保持沾黏麵團，往後拉回，再重複向前推搓的作業。

手腕不要用力
藉助體重來搓揉

不是用手指搓揉，而是用手掌根部來搓揉麵團。將體重置於麵團上，好似移動體重的感覺來搓揉，比用手腕的力量來搓揉更輕鬆省力。

若要麵團有彈性
需加入奶油

有助麵團擴展的奶油，如果太早加入，會使麵包變成酥鬆的口感。所以若想麵包富有彈性，要等麵團產生麵筋後再加入奶油。

摔打

這是使麵團產生麵筋的作業。經過這個階段的充分摔打，能完成質地細緻、富韌性的麵團。

< 摔 打 法 >

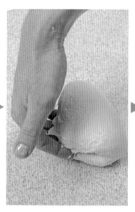

用4根指頭抓住麵團的邊端。　稍微舉起後，朝揉麵台摔打。　摔打後，將麵團對摺。　用手指抓住轉90度角的另一邊，再舉起麵團摔打。重複此步驟。

麵團揉好八成後
再混入配料

麵團揉好八成後，再加入配料，可避免麵團質地變粗糙，就像用麵團捲包一樣來混合配料，便可均勻的混合。

< 配 料 的 混 合 法 >

擴展麵團，平均放上配料。　將麵團捲包起來。　同樣的揉搓麵團，讓材料混合均勻。

以麵筋膜確認
揉麵是否完成

本書中，雖然有標明揉麵完成的大致摔打次數，但是要正確檢查時，仍需確認麵筋膜的狀態。將麵團擴展拉薄，若能透見另一側而麵團不破的話，揉麵作業才算完成。

麵團揉好的理想
溫度是28～30℃

揉麵完成時，溫度需保持在酵母菌容易作用的28～30℃。因此，首先可調整水分的溫度（請參照p.8）。冬天時，可在暖氣房中，或將手或揉麵台加熱再進行。相反的，到了夏天時，手要用冰水弄涼，藉以控制溫度。

3 第一次發酵

發酵是酵母菌發揮作用所產生的現象，它是酵母菌以糖分為營養，經分解後產生二氧化碳的過程。拜二氧化碳之賜，麵包麵團才能鼓起膨脹。因此，為了讓麵團發酵，營造讓酵母菌容易發揮作用的環境，成為製作的重點。第一次發酵時，在28～30℃的環境下，麵團體積約可膨脹至2倍大。此外，還可以用烤箱的發酵功能、隔水加熱（約35℃），或是放在溫暖的地方等方式，來使麵團發酵。

發 酵 前　　　　　發 酵 後

發酵完成用手指確認

從外觀來看，麵團若已膨脹約2倍大，雖然就算發酵完成，但是以手指確認，才是精確嚴謹的方式。

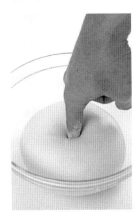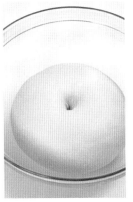

食指上沾上高筋麵粉，插入麵團中至第二指節的高度。

慢慢的拔出手指，若中央的孔還能保留，就表示發酵完成了。

如果孔洞不見了…

→ 發酵不足

麵團極富彈性，拔出手指後，若孔洞縮小不見，就表示發酵不足。這時還要讓麵團繼續發酵。

如果麵團扁塌…

→ 發酵過度

麵團如果失去彈性，變得扁塌，就表示發酵過度。這樣的麵團即使烘烤後也不會膨脹，變成有酒味的麵包。這時，可以混入起司、肉桂糖或水果乾等味道濃郁的食材後再烘烤，就能調和酒味變得較容易食用。

4 分割

這是分割麵團的作業。為了烤出漂亮的麵包，平均分割麵團相當重要。用手撕開會損傷麵團，正確作法是用刮板迅速分割。

< 分 割 法 >

使用刮板從麵團的正中央切出切口。

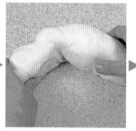
從切口處分開麵團。

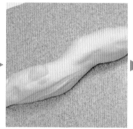
將麵團拉成一條棒狀。

一面用磅秤計量，一面平均分割。

為避免損傷麵團
要迅速取出

第一次發酵完成後，麵團變得非常細緻，要很溫柔的取出麵團。這時可利用刮板從容器中取出麵團。

一面計量
一面儘量減少
分割的次數

為了使麵包烘焙完成後外觀的大小均等、美觀，分割時一面秤重計量，才能更精確。而且，儘量減少分割麵團的次數，才能降低對麵團的損傷。

滾圓

分割好的麵團透過滾圓作業，能使麵團變得勻稱，更容易處理。儘量將它滾成表面光滑、富張力的圓球形。

< 滾 圓 法 >

捏住分割好的麵團的四角，將它們接合在一起。

讓麵團表面繃緊、變圓。

就像用手掌側面來讓麵團表面繃緊一樣，一面旋轉麵團，一面將它滾圓。

輕輕的捏緊接合口。

大麵團放在檯子上
如同向前拉一般
滾動成圓形

大麵團無法放在手掌中旋轉，所以直接放在工作檯上，以往前拉的方式滾動成圓形。

5 醒麵

醒麵是讓分割、滾圓作業時受損的麵團鬆弛一段時間。若不鬆弛，麵團的負擔加重，麵團分割、烘焙後會變硬。所以要讓它充分鬆弛10分鐘。

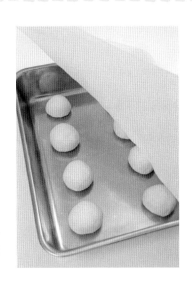

蓋上濕抹布
但不要碰到麵團

醒麵時，為避免麵團變乾，要蓋上濕抹布。這時，如果抹布碰到麵團的表面，會弄傷麵團。儘量將麵團放在有一定高度的容器中，注意別讓抹布碰到麵團。

6 整型

這是將圓形麵團塑成各種形狀的作業。為了烤出漂亮的麵包,大多以麵團的光滑面作為表面來整型,這點相當重要。如果撒太多防沾粉,會改變麵團的狀態,所以只在會沾黏時撒粉就行了。

基本的整型

以下整理出幾項常用的基本整型法。

 圓形 —— 和分割後滾圓相同的方式進行作業,將麵團修整成漂亮的圓形。

橢圓形 —— 將麵團擴展擀平後,將上、下往正中央翻摺,再從正中央對摺。徹底捏緊接合處,滾動麵團將它修整成橢圓形。

 環狀 —— 將塑成棒狀的麵團一端揉細變尖,另一端則壓平展開。用展開的一端捲包住細尖端接合固定即成為環狀。

棒狀 —— 將塑成橢圓形的麵團,再揉成細長的棒狀。

 結形、編織 —— 延展成棒狀的麵團打個單結,或編織花樣。

 包餡 —— 在麵團中包入餡料或奶油醬等喜愛的餡料。

擀平 —— 用擀麵棍將麵團擀成喜歡的形狀。

 捲包 —— 將擀好的麵團捲起來,成為捲狀。

徹底捏緊收口

如果麵團沒有徹底的捏緊接合口,膨脹度會變差,包入餡料時,可能會發生內餡外露的情形。若製成法國麵包,中央的裂紋也會變得不漂亮。

 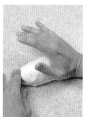

麵團放入模型時要靠著模型側面

將麵團放入模型時,要靠著模型的側面。藉由靠著側面所形成的抗拒力,麵團會發得更好。

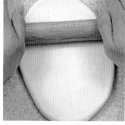

以均等力量徹底擀至邊緣

以麵團的正中央為起點,將擀麵棍往上、下、左、右,以均等的力量將麵團擀成相同的厚度。要徹底擀至麵團邊緣,別讓邊端變厚。

7 最後發酵

整型後已排出氣體的麵團，讓它再次發酵，變成柔軟、膨脹的麵團。
這時麵團會脹發1.5倍至2倍的大小，所以放到烤盤上時，麵團與麵團
之間要保留空間。

套入塑膠袋中
在35～38℃的環境下發酵

最後發酵最適合在35～38℃的環境下進
行。將裝有麵團的烤盤鬆鬆的套上塑膠
袋，塑膠袋不要觸碰到麵團，一起放入盛
有150ml熱水（90℃以上）的可耐熱容器
中，春～秋季直接放在室溫中，冬季放在
溫暖的地方讓它發酵。若採用烤箱的發
酵功能來發酵，就無法進行烤箱準備烘
烤的預熱作業，所以最好避免使用烤箱。

其他麵團的最後發酵

● **布里歐許（brioche）麵團和奶油較多的麵團**
將麵團鬆鬆的套上塑膠袋，一起放入盛有100ml熱水（90℃
以上）的耐熱容器中，讓它發酵（30～32℃的環境）。

● **法式牛角麵包（croissant）麵團、丹麥麵包（danish）麵團**
麵團蓋上塑膠袋，置於室溫中發酵（25～27℃的環境）。

● **法國麵包麵團、裸麥麵團**
將麵團放在帆布上，蓋上塑膠袋，放在溫暖的地方發酵（32
～34℃的環境）。

8 烘烤

烤箱要充分預熱，讓烤箱內保持高溫備用。依照本書所標示的食譜
溫度和時間來烘烤，或許沒有問題，不過烤箱有各種機型和特性。
在徹底了解家中烤箱特性之前，請讀者視情況自行調整烘烤。

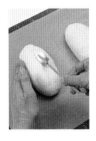

像要剝下一層皮般
在麵包上畫出切口

為避免麵團膨脹裡面的壓力向外擠壓，造
成麵包外觀變形，需在麵團上畫出切口。
切刀不要和麵團呈直角整齊的切割，要像
畫開一層表皮般，斜向淺淺的畫開5～
7mm深的切口。

輕柔的塗上蛋汁等
以免弄傷麵團

為避免弄傷麵團的表面，塗抹裝飾用蛋汁
或油時，動作要輕柔。並選用毛刷等不易
弄傷麵團的材質來塗抹。

15

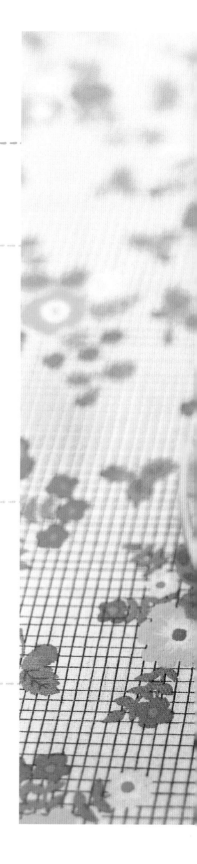

CHAPTER 1

請先學習！

基本麵包
和變化型麵包

基本的麵團包括原味麵團、加味麵團、吐司麵團、法國麵包麵團、裸麥麵團等5種。只要在這些麵團中加入其他材料，或是改變外型，就能變化出各式各樣的麵包。本單元中，將介紹基本的麵包作法和變化技巧。

揉麵10分
▼
第一次發酵40分
▼
分割·醒麵15分
▼
整型5分
▼
最後發酵30分
▼
烘烤13分

Total 113分

原味
麵團

Basic

小餐包

以簡單的材料製作的小餐包，麵團容易處理，也容易製作。
烘焙新手請先從這個麵包開始吧！

材料〔8個份〕

高筋麵粉	200g
乾酵母	4g
砂糖	10g
鹽	3g
脫脂奶粉	10g
水 (請參照p.8)	128g
無鹽奶油	10g

前置作業

● 揉入麵包麵團的奶油,先恢復成室溫回軟備用。

🍞 揉麵

1 在攪拌盆中,放入高筋麵粉、乾酵母、砂糖、鹽和脫脂奶粉。

2 使用刮板充分混拌整體,讓材料完全混合均勻。

3 在正中央弄個凹洞,倒入水。

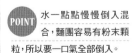

POINT 水一點點慢慢倒入混合,麵團容易有粉末顆粒,所以要一口氣全部倒入。

4 混合整體直到變成一團。

5 將麵團移至揉麵檯,使用2片刮板再繼續混合成一團。

6 當麵團混合達到某種程度後,開始揉搓直到它產生彈性。

▶請參照p.9的揉麵

POINT 揉麵的訣竅是,彷彿不用力一樣,只是藉著移動體重的感覺來推揉。

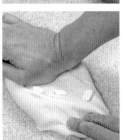

7 在麵團中放入撕小塊的奶油,搓揉麵團直到奶油完全融入其中。

8 先抓住麵團的邊端，舉起麵團朝揉麵檯摔打（大致標準為60~70次）。若麵團的表面已變得細滑後，揉麵即完成。
▶請參照p.10的揉麵

9 將麵團滾圓，讓表面光滑緊繃。

👨‍🍳 **第一次發酵**

10 將麵團放入攪拌盆中，蓋上保鮮膜。

11 在28~30℃的環境下，讓麵團發酵40分鐘，約變成2倍大。
▶請參照p.11的第一次發酵

👨‍🍳 **分割**

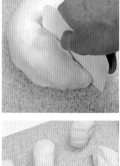

12 使用刮板將麵團從攪拌盆中取出，分割成8等份（各40~45g）。

POINT 為了分割出大小均等的麵團，請一面計量一面分割。

醒麵

13 將麵團滾圓，讓表面光滑緊繃。

14 將麵團排放在有高度的鋼盤等容器中，蓋上充分擰乾的濕抹布，抹布不要碰到麵團，讓它鬆弛約10分鐘。

整型

15 將麵團修整成表面光滑的圓球狀。

POINT 為了烤出外觀渾圓漂亮的麵包，麵團接合口置於中央，以均等的力量捏合滾圓。

16 徹底捏緊接合口。

最後發酵

17 接合口朝下，排放在鋪了烤焙紙的烤盤上。

18 在35~38℃的環境下，讓麵團發酵30分鐘，約變成1.5~2倍不到的大小。
▶請參照p.15的最後發酵

烘烤

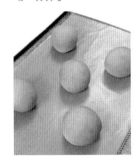

19 放入預熱至190℃的烤箱中，約烘烤13分鐘。

原味麵團

Basic

原味麵團 ●Arrange

牛奶麵包

「牛奶麵包」顧名思義,是加入牛奶的麵包。
它的質地細緻、吃起來口感柔軟。

材料〔2個份〕

高筋麵粉	200g
乾酵母	4g
砂糖	6g
鹽	3g
鮮奶(請參照p.8)	144g
無鹽奶油	20g
【裝飾】	
蛋汁	適量

前置作業

● 揉入麵包麵團的奶油,先恢復成室溫回軟
備用。

🧑‍🍳 進行至第一次發酵

1 請參照p.18小餐包的步驟**1~11**揉好麵團後
讓它第一次發酵。加入鮮奶以取代水,摔打次數
比小餐包多,約80~90次。

🧑‍🍳 分割&醒麵

2 將麵團分割成2等份(各180~185g),滾圓,
排放在鋼盤等容器中,蓋上充分擰乾的濕抹布,
讓它鬆弛約10分鐘。

🧑‍🍳 整型

3 接合口朝上置於檯子
上,用手掌壓平麵團,用擀
麵棍擀成24×12cm的長
方形。

POINT 一面擀平麵團,一
面壓除氣體,才能
烘烤出質地細緻的麵包。

4 將麵團從前方往後捲,
捲到最後徹底捏緊收口。

🧑‍🍳 最後發酵

5 將麵團放在鋪了烤焙紙的烤盤上,在35~38℃
的環境下,讓它發酵30分鐘,約變成1.5~2倍不到
的大小。▶請參照p.15的最後發酵

🧑‍🍳 烘烤

6 上、下方約保留1cm,
在中間每間隔1cm縱向畫
5條、深1cm的切口。

7 用毛刷等在麵團表面塗上蛋汁,放入預熱至
200℃的烤箱中,約烘烤15分鐘。

Total 115分

揉麵10分
▼
第一次發酵40分
▼
分割·醒麵15分
▼
整型5分
▼
最後發酵30分
▼
烘烤15分

材料〔4個份〕

高筋麵粉	200g
胚芽	10g
乾酵母	4g
砂糖	10g
鹽	3g
脫脂奶粉	10g
水(請參照p.8)	132g
無鹽奶油	10g

前置作業

● 揉入麵包麵團的奶油，先恢復成室溫回軟備用。

☞ 進行至第一次發酵

1 請參照p.18小餐包的步驟**1~11**，揉好麵團後讓它第一次發酵。胚芽和粉類一起混合，摔打次數比小餐包少，約40~50次。

☞ 分割 & 醒麵

2 將麵團分割成4等份(各80~85g)，滾圓，排放在鋼盤等容器中，蓋上充分擰乾的濕抹布，讓它鬆弛約10分鐘。

☞ 整型

3 將麵團輕輕的修整成圓形，充分捏緊接合口，接合口朝下放在帆布上。

☞ 最後發酵

4 在35~38℃的環境下，讓麵團發酵30分鐘，約變成1.5倍的大小。

▶請參照p.15的最後發酵

☞ 烘烤

5 將麵團放入鋪了烤焙紙的烤盤上，畫出×號的切口。

6 在麵團的表面噴水，放入預熱至220℃的烤箱中，約烘烤20分鐘。

原味麵團 ● Arrange

全麥麵包

加入富含礦物質和維他命的胚芽的全麥麵包，最大的魅力是風味樸素、咬勁十足。

Total **118**分

揉麵8分
▼
第一次發酵40分
▼
分割·醒麵15分
▼
整型5分
▼
最後發酵30分
▼
烘烤20分

原味麵團 ●Arrange

芝麻麵包

布滿芳香的芝麻。塑成單結狀,使麵包具有更佳的口感。

Total **118**分

揉麵10分
▼
第一次發酵40分
▼
分割·醒麵15分
▼
整型10分
▼
最後發酵30分
▼
烘烤13分

材料〔6個份〕

高筋麵粉	200g
乾酵母	4g
砂糖	8g
鹽	3g
脫脂奶粉	10g
水 (請參照p.8)	128g
無鹽奶油	12g
黑芝麻	20g
【裝飾】	
蛋白	適量

前置作業

●揉入麵包麵團的奶油,先恢復成室溫回軟備用。

☁ 進行至第一次發酵

1 請參照p.18小餐包的步驟**1**~**11**,揉好麵團後讓它第一次發酵。麵團摔打50~60次約完成八成後,再加入黑芝麻揉勻。

☁ 分割 & 醒麵

2 將麵團分割成6等份 (各60~65g),滾圓,排放在鋼盤等容器中,蓋上充分擰乾的濕抹布,讓它鬆弛約10分鐘。

☁ 整型

3 將麵團輕輕的修整成圓形,充分捏緊接合口,用擀麵棍擀成橫長20~25cm的橢圓形。請參照p.46的法國中棍麵包的步驟4~6,揉成橢圓形。

4 一面滾動橢圓形的麵團,調整成相同粗細,一面揉成長25~30cm的棒狀,將它打個結。

☁ 最後發酵

5 將麵團放在鋪了烤焙紙的烤盤上,在35~38℃的環境下,讓它發酵30分鐘,約變成1.5~2倍不到的大小。
▶請參照p.15的**最後發酵**

☁ 烘烤

6 用毛刷在麵團表面塗上蛋白,放入預熱至190℃的烤箱中,約烘烤13分鐘。

奶油捲

加了蛋的奶油捲，烤好後口感柔軟、濕潤。
它雖是基本款麵包，但是要烤出漂亮的捲紋，
還是要用點訣竅。

Total **128分**

揉麵10分
▼
第一次發酵50分
▼
分割·醒麵15分
▼
整型10分
▼
最後發酵30分
▼
烘烤13分

材料〔6個份〕

高筋麵粉 · · · · · · · · · · · · · · · ·	200g
乾酵母 · · · · · · · · · · · · · · · · ·	4g
砂糖 · · · · · · · · · · · · · · · · · · ·	20g
鹽 ·	3g
脫脂奶粉 · · · · · · · · · · · · · · ·	10g
蛋汁 · · · · · · · · · · · · · · · · · · ·	20g
水(請參照p.8) · · · · · · · · · · ·	100g
無鹽奶油 · · · · · · · · · · · · · · ·	20g
【裝飾】	
蛋汁 · · · · · · · · · · · · · · · · · · ·	適量

前置作業

● 揉入麵包麵團的奶油，先恢復成室溫回軟
備用。

👨‍🍳 揉麵

1 在攪拌盆中，放入高筋麵粉、乾酵母、砂糖、鹽和脫脂奶粉。

2 使用刮板充分混拌整體，讓材料完全混合均勻。

3 在正中央弄個凹洞，倒入蛋汁和水。

4 混合整體直到變成一團。

5 將麵團移至揉麵檯，使用2片刮板再繼續混合成一團。

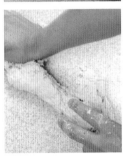

6 當麵團混合達到某種程度後，開始揉搓直到它產生彈性。
▶請參照p.9揉麵

7 在麵團中放入撕小塊的奶油，搓揉麵團直到奶油完全融入其中。

8 抓住麵團的邊端，舉起麵團朝揉麵檯摔打（大致標準為70~80次）。若麵團的表面已變得細滑後，揉麵即完成。
▶請參照p.10的揉麵

11 在28~30℃的環境下，讓麵團發酵50分鐘，約變成2倍大。
▶請參照p.11的第一次發酵

🧑‍🍳 **分割**

12 使用刮板將麵團從攪拌盆中取出，分割成6等份（各60~65g），滾圓。

9 將麵團滾圓，讓表面光滑緊繃。

🧑‍🍳 **第一次發酵**

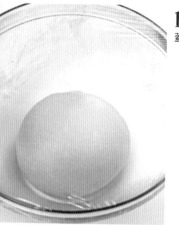

10 將麵團放入攪拌盆中，蓋上保鮮膜。

🧑‍🍳 **醒麵**

13 將麵團排放在有高度的鋼盤等容器中，蓋上充分擰乾的濕抹布，抹布不要碰到麵團，讓它鬆弛約10分鐘。

☞ 整型

14 將麵團修整成圓形，用雙手將麵團的一端揉細成為水滴形。

15 粗的一端朝上放在揉麵檯上，用擀麵棍擀平。

16 用手握住細的一端，滾動擀麵棍將麵團擀平，擀成前後長30cm的等邊三角形。

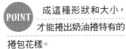

POINT 成這種形狀和大小，才能捲出奶油捲特有的捲包花樣。

17 從麵團的寬端往內開始捲，輕輕的將麵團往自己面前捲過來。

POINT 如果捲得太緊，烘烤後麵包外觀會變形，所以鬆鬆的捲起來就行了。

☞ 最後發酵

18 麵團最後的捲合處朝下，放在鋪了烤焙紙的烤盤上，在35～38℃的環境下，讓它發酵30分鐘，約變成1.5～2倍不到的大小。
▶請參照p.15的最後發酵

☞ 整型

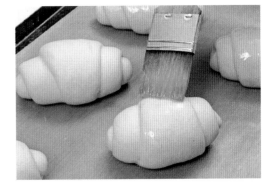

19 用毛刷在麵團表面塗上蛋汁。

20 放入預熱至200℃的烤箱中，約烘烤13分鐘。

加味麵團

Basic

揉麵10分
▼
第一次發酵50分
▼
分割·醒麵15分
▼
整型5分
▼
最後發酵30分
▼
烘烤12分

Total **122**分

飛碟麵包

濕潤的餅乾麵團，
覆蓋在柔軟的麵包上做裝飾。
等餅乾麵團與麵包味道融合才是最佳賞味時刻。

材料〔5個份〕

高筋麵粉	150g
乾酵母	3g
砂糖	15g
鹽	2g
脫脂奶粉	8g
水(請參照p.8)	78g
蛋汁	15g
無鹽奶油	18g
【餅乾麵糊】	
低筋麵粉	75g
白砂糖	45g
無鹽奶油	45g
蛋汁	45g
鮮奶	15g

前置作業

● 揉入麵包麵糊的奶油，先恢復成室溫回軟備用。
● 準備5個鋁箔杯模(直徑8cm)。
● 請參照p.152的餅乾麵糊作法，製作柔軟的餅乾麵糊，裝入擠花袋中，放入冷藏庫中讓它鬆弛備用。

進行至第一次發酵

1 請參照p.26麵包捲的步驟1~11，揉好麵團後讓它第一次發酵。

分割＆醒麵

2 將麵團分割成5等份(各55~60g)，滾圓，排放在鋼盤等容器中，蓋上充分擰乾的濕抹布，讓它鬆弛約10分鐘。

整型

3 將麵團輕輕的修整成圓形，用手指充分捏緊接合口。

4 接合口朝下，把麵團放入已排放在烤盤中的鋁箔杯模中。

最後發酵

5 在35~38℃的環境下，讓麵團發酵30分鐘，約變成1.5~2倍不到的大小。
▶請參照p.15的最後發酵

烘烤

6 在麵團上，用裝了餅乾麵糊的擠花袋，呈螺旋狀擠上餡料。

 POINT 擠製餅乾麵糊時，要均勻漂亮的讓它覆蓋在上面。

7 放入預熱至190℃的烤箱中，約烘烤12分鐘。

葡萄乾扭花麵包

它是將加入葡萄乾的麵團扭轉整型而成。
口感Q韌的麵團和甜葡萄乾非常合味。

Total **128**分

揉麵10分
▼
第一次發酵50分
▼
分割·醒麵15分
▼
整型10分
▼
最後發酵30分
▼
烘烤13分

材料〔6個份〕

高筋麵粉	200g
乾酵母	4g
砂糖	20g
鹽	3g
脫脂奶粉	10g
蛋汁	20g
水(請參照p.8)	100g
無鹽奶油	20g
葡萄乾	40g

前置作業

● 揉入麵包麵團的奶油,先恢復成室溫回軟備用。

● 葡萄乾用熱水浸泡回軟,充分瀝乾水分備用。

🌱 進行至第一次發酵

1 請參照p.26奶油捲的步驟**1~11**,揉好麵團後讓它第一次發酵。葡萄乾在麵團摔打60~70次,約揉麵完成八成時再加入混合。

🌱 分割&醒麵

2 將麵團分割成6等份(各65~70g),滾圓,排放在鋼盤等容器中,蓋上充分擰乾的濕抹布,讓它鬆弛約10分鐘。

🌱 整型

3 先將麵團擀成橫長20~25cm的橢圓形,橫向捲包起來捏合接合口。以雙手將麵團大幅度的滾動,變成中央粗、兩端細、50~60cm長。

4 用手將麵團左端往前、右端往後滾動、扭轉,然後將左、右尖端一起拿起,讓麵團自然扭轉成麻花狀。

🌱 最後發酵

5 將麵團放在鋪了烤焙紙的烤盤上,在35~38℃的環境下,讓它發酵30分鐘,約變成1.5~2倍不到的大小。
▶請參照p.15的最後發酵

🌱 烘烤

6 放入預熱至200℃的烤箱中,約烘烤13分鐘。

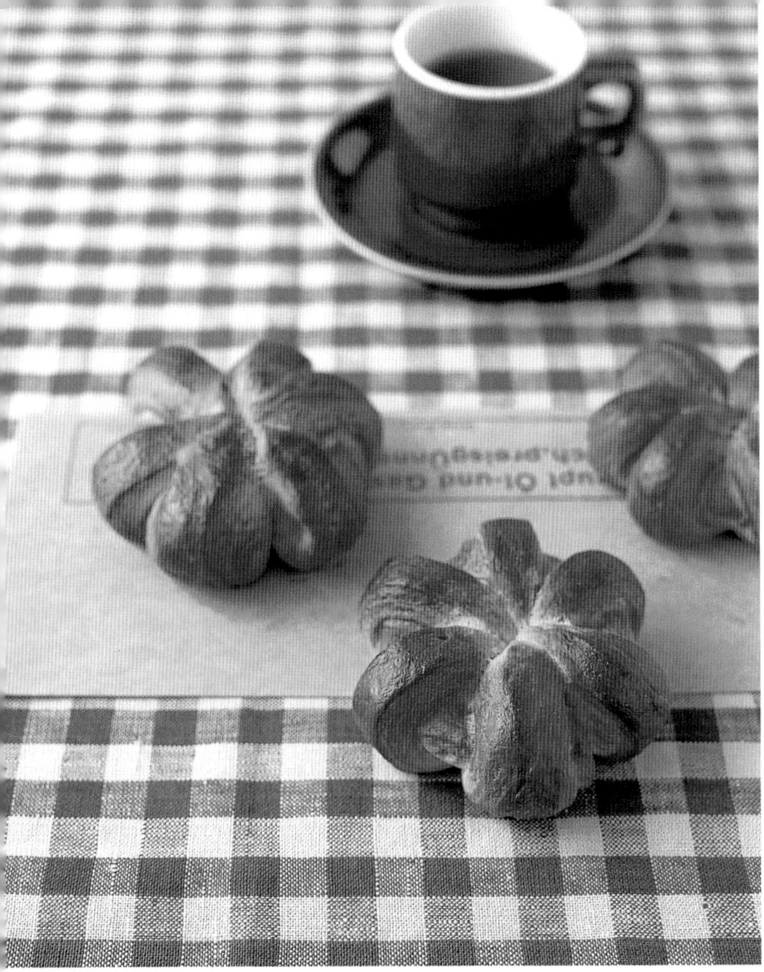

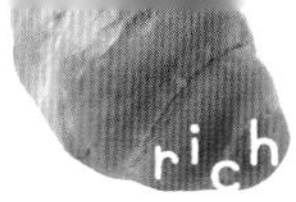

加味麵團 ● Arrange

布里歐許花環麵包

加入奶油和蛋的布里歐許麵團，
烘烤成漂亮的花形。外表香酥、裡面濕潤！

Total 205分

揉麵15分
▼
第一次發酵60分
▼
分割·醒麵65分
▼
整型10分
▼
最後發酵40分
▼
烘烤15分

材料〔6個份〕

高筋麵粉	150g
乾酵母	3g
砂糖	15g
鹽	2g
蛋汁	60g
鮮奶（請參照p.8）	27g
無鹽奶油	60g

前置作業

- 揉入麵包麵團的奶油，先恢復成室溫回軟備用。
- 準備6個鋁箔杯模（直徑8cm）

進行至第一次發酵

1 請參照p.26奶油捲的步驟1~11，揉好麵團後讓它進行第一次發酵60分鐘。因為奶油量很多，所以要分2次混入麵團中，第一次先加1/3量混勻後，再加剩餘的奶油再混勻。

分割&醒麵

2 麵團不要分割，擀成厚1cm的板狀，用保鮮膜包好，放入冷藏庫中讓它鬆弛1個小時。

整型

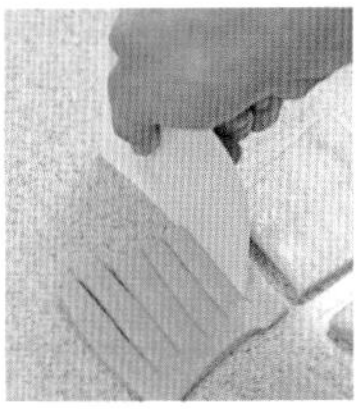

3 用擀麵棍將麵團擀成比30×20cm還大一點的長方形，用刮板切掉周圍，裁成6片10cm正方的正方形。前端保留1cm不切，用刮板每間隔1~2cm縱向切出6等分的切口。

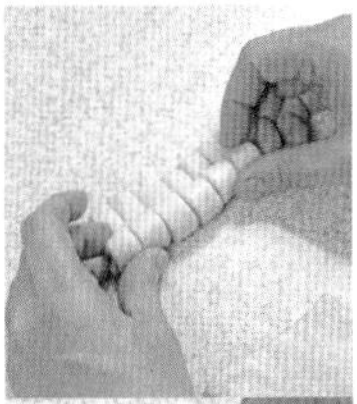

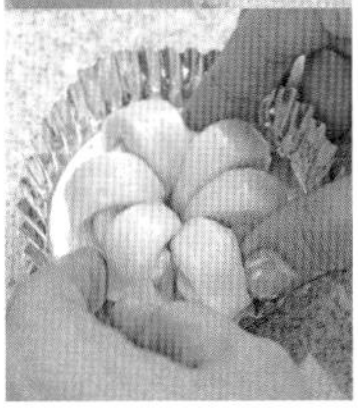

4 由前往後輕輕的捲起麵團，捏緊接合口，讓它成為花環狀，捲接口朝下放入鋁箔杯模中，再排放在烤盤上。

最後發酵

5 在30~32℃的環境下，讓麵團發酵40分鐘，約變成1.5~2倍不到的大小。
►請參照p.15的最後發酵

烘烤

6 放入預熱至200℃的烤箱中，約烘烤15分鐘。

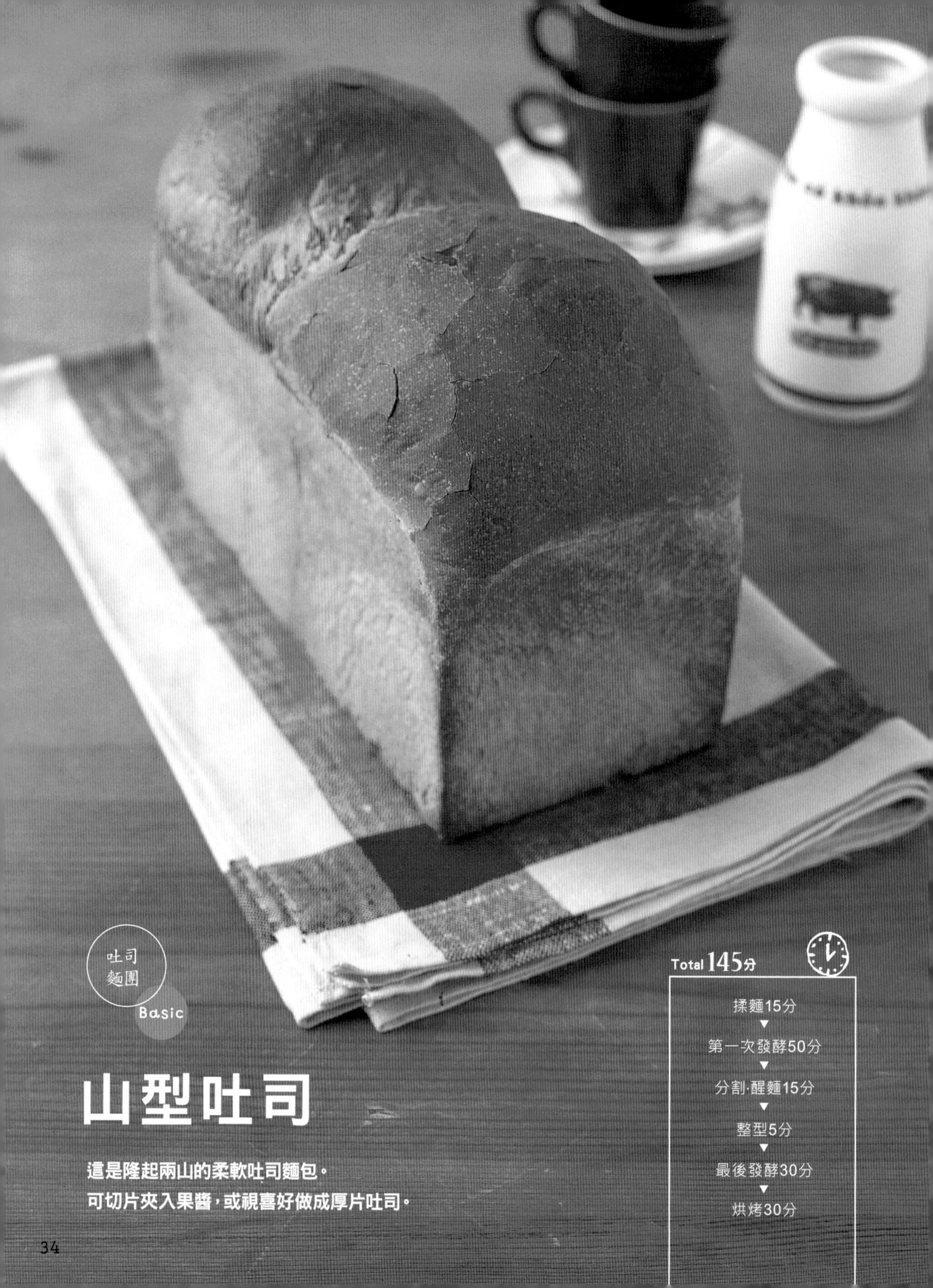

吐司麵團
Basic

山型吐司

這是隆起兩山的柔軟吐司麵包。
可切片夾入果醬，或視喜好做成厚片吐司。

Total 145分

揉麵15分
▼
第一次發酵50分
▼
分割·醒麵15分
▼
整型5分
▼
最後發酵30分
▼
烘烤30分

材料〔20×10×H11.5cm的吐司模型1個〕

高筋麵粉	350g
乾酵母	7g
砂糖	14g
鹽	5g
脫脂奶粉	21g
水(請參照p.8)	245g
無鹽奶油	35g

前置作業

● 揉入麵包麵團的奶油，先恢復成室溫回軟備用。

● 在模型中塗抹油脂(起酥油等)。

☺ 揉麵

1 在攪拌盆中，放入高筋麵粉、乾酵母、砂糖、鹽和脫脂奶粉。

2 使用刮板，充分混拌整體，讓材料完全混合均勻。

3 在正中央弄個凹洞，倒入水。

4 混合整體直到變成一團。

5 將麵團移至揉麵檯，使用2片刮板再繼續混合成一團。

6 當麵團混合達到某種程度後，開始揉搓直到它產生彈性。

▶請參照p.9揉麵

7 在麵團中放入撕成小塊的奶油，搓揉麵團直到奶油完全融入其中。

bread

8 抓住麵團的邊端，舉起麵團朝揉麵檯摔打（大致標準為200~300次）。若麵團的表面已變得細滑後，甩麵即完成。
▶請參照p.10的揉麵

POINT 充分摔打麵團，讓它產生彈性。

9 將麵團滾圓，讓表面光滑緊繃。

🧑‍🍳 **第一次發酵**

10 將麵團放入攪拌盆中，蓋上保鮮膜。

11 在28~30℃的環境下，讓麵團發酵50分鐘，約變成2倍大。
▶請參照p.11的第一次發酵

🧑‍🍳 **分割**

12 使用刮板將麵團從攪拌盆中取出，分割成2等份（各315~320g），滾圓。

🍞 醒麵

13 將麵團排放在有高度的鋼盤等容器中,蓋上充分擰乾的濕抹布,抹布不要碰到麵團,讓它鬆弛約10分鐘。

🍞 整型

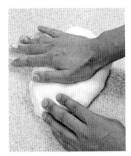

14 接合口朝上置於揉麵檯,用手掌將麵團壓平。

15 將麵團摺三摺修整變圓,徹底捏緊接合口。

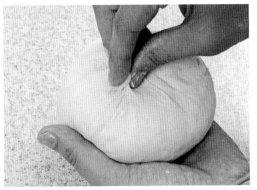

16 接合口朝下放入模型中。麵團之間保持充分空隙,讓麵團緊靠在模型兩側。

POINT 麵團和麵團之間保持距離,烤好的吐司才能呈現漂亮的山型。

🍞 最後發酵

17 在35~38℃的環境下,讓麵團發酵30分鐘,約變成1.5~2倍不到的大小。發酵大致的標準是,麵團脹發高度約比模型高度高出1~2cm。
▶請參照p.15的最後發酵

🍞 烘烤

18 放入預熱至200℃的烤箱中,約烘烤30分鐘。烤好後立刻脫模取出吐司。

POINT 如果吐司一直放在模型中,充分膨脹的麵包,會變得扁塌。

● 揉入麵包麵團的奶油,先恢復成室溫回軟備用。
● 從香草莢中刮出種子備用。
● 在模型中塗抹油脂(起酥油等)。

🍞 揉麵

1 請參照p.34山型吐司的步驟**1~11**,揉好麵團後讓它第一次發酵。以脫脂奶粉、鮮奶和香草莢取代水,加入麵粉中,它的摔打次數比山型吐司少,約摔打80~90次。

🍞 分割 & 醒麵

2 將麵團分割成2等份(各270~280g),滾圓,排放在鋼盤等容器中,蓋上充分擰乾的濕抹布,讓它鬆弛約10分鐘。

🍞 整型

3 請參照p.37山型吐司的步驟**14~16**,將麵團修整成圓形後放入模型中。這時麵團和麵團之間不要留空隙。

🍞 最後發酵

4 在35~38℃的環境下,讓麵團發酵30分鐘,約變成1.5~2倍不到的大小。

5 發酵大致的標準是,麵團脹發高度約比模型高度矮1cm。
▶請參照p.15的**最後發酵**

🍞 烘烤

6 蓋上模型蓋,放入預熱至200℃的烤箱中,約烘烤30分鐘。

吐司麵團 ●Arrange

香草吐司

這是充滿香草甜香的吐司麵包。
切成厚片,配上香草冰淇淋就能上桌了。

Total **140分**

揉麵10分
▼
第一次發酵50分
▼
分割・醒麵15分
▼
整型5分
▼
最後發酵30分
▼
烘烤30分

材料 〔20×10×H11.5cm的吐司模型1個份〕

高筋麵粉	300g
乾酵母	6g
鹽	4g
脫脂奶粉	45g
鮮奶(請參照p.8)	207g
無鹽奶油	30g
香草莢	1/2根

吐司麵團 ● Arrange

大理石麵包

重複編織白麵團和可可麵團，就能完成令人嚮往的大理石麵包。

Total **150**分

揉麵15分
▼
第一次發酵50分
▼
分割·醒麵15分
▼
整型10分
▼
最後發酵30分
▼
烘烤30分

材料〔20×10×H11.5cm的吐司模型1個份〕

高筋麵粉	300g
乾酵母	6g
砂糖	30g
鹽	4g
脫脂奶粉	24g
水（請參照p.8）	186g
無鹽奶油	30g
【可可醬】	
可可粉（無糖）	6g
水	6g

前置作業

● 揉入麵包麵團的奶油·先恢復成室溫回軟備用。
● 在模型中塗抹油脂（起酥油等）。
● 可可粉和水混合製成可可醬備用。

☕ 進行至第一次發酵

1 請參照p.34山型吐司的步驟**1～11**·揉好麵團後讓它第一次發酵。約摔打30次後·將麵團分割成3/4和1/4的兩團。1/4的麵團中混入可可醬·再各別摔打20～30次·揉麵即完成。

☕ 分割＆醒麵

2 兩團麵都不要分割·滾圓後排放在鋼盤等容器中·蓋上充分擰乾的濕抹布·讓它鬆弛約10分鐘。

☕ 整型

3 用擀麵棍將白麵團擀成20×15cm的大小·可可麵團擀成18×12cm的大小。在白麵團上疊上可可麵團·再擀成30×20cm的大小。

4 將麵團縱切成2等份·重疊後再擀成30×20cm的大小。此步驟重複2次。

5 再縱切成3等份·一面扭轉麵團·一面編成麻花狀·編好後放入模型中·用手按壓直到模型邊角都塞滿麵團。

☕ 最後發酵

6 在35～38℃的環境下·讓麵團發酵30分鐘·約變成1.5～2倍不到的大小。發酵大致的標準是·麵團脹發高度約比模型高度高出1cm。▶請參照p.15的最後發酵

☕ 烘烤

7 放入預熱至200℃的烤箱中·約烘烤30分鐘。

39

菠菜胡蘿蔔
螺紋吐司

這是用菠菜和胡蘿蔔混合的麵團所製作的螺紋吐司。
不吃蔬菜的孩子也會喜愛它。

揉麵20分
▼
第一次發酵50分
▼
分割·醒麵15分
▼
整型10分
▼
最後發酵30分
▼
烘烤30分

Total 155分

材料〔20×10×H11.5cm的吐司模型1個份〕
【菠菜麵團】
高筋麵粉 ················· 150g
乾酵母 ···················· 3g
鹽 ························· 2g
砂糖 ······················ 6g
脫脂奶粉 ················· 12g
菠菜(泥) ················ 30g
水(請參照p.8) ··········· 75g
無鹽奶油 ················· 15g
【胡蘿蔔麵團】
高筋麵粉 ················· 150g
乾酵母 ···················· 3g
鹽 ························· 2g
砂糖 ······················ 6g
脫脂奶粉 ················· 12g
胡蘿蔔(磨碎) ············ 30g
水(請參照p.8) ··········· 71g
無鹽奶油 ················· 15g

前置作業

● 菠菜用沸水汆燙後·徹底瀝乾水分打成泥狀。
● 胡蘿蔔去皮磨碎。
● 揉入麵包麵團的奶油·先恢復成室溫回軟備用。
● 在模型中塗抹油脂(起酥油等)。

🍳 進行至第一次發酵

1 請參照p.34山型吐司的步驟**1~11**·分別揉好菠菜和胡蘿蔔的麵團·讓它們第一次發酵。將菠菜和胡蘿蔔分別和水加入麵團中·比山型吐司摔打次數少·各摔打60~70次。

🍳 分割 & 醒麵

2 菠菜和胡蘿蔔麵團都不要分割·滾圓後排放在鋼盤等容器中·蓋上充分擰乾的濕抹布·讓它鬆弛約10分鐘。

🍳 整型

3 用擀麵棍將胡蘿蔔麵團擀成20×15cm的縱長方形·菠菜麵團擀成18×12cm的縱長方形。

4 在胡蘿蔔麵團上疊上菠菜麵團·用擀麵棍再擀成 35×20cm的大小。

POINT 以均等的力道擀開麵團·才能形成漂亮的螺旋花樣。

5 從面前開始將麵團捲作圓筒狀·接合口朝下放入模型中。

🍳 最後發酵

6 在35~38℃的環境下·讓麵團發酵30分鐘·約變成1.5~2倍不到的大小。發酵大致的標準是·麵團脹發高度約比模型高度矮1cm。
▶請參照p.15的最後發酵

🍳 烘烤

7 蓋上模型蓋·放入預熱至200℃的烤箱中·約烘烤30分鐘。

紡錘麵包

只用高筋麵粉烘焙的紡錘形法國麵包（coup），
外表香酥，裡面Q韌有嚼勁，是日本人喜愛的口感。

揉麵5分
▼
第一次發酵75分
▼
分割·醒麵25分
▼
整型5分
▼
最後發酵30分
▼
烘烤25分

Total **165分**

材料〔2個份〕

高筋麵粉	200g
乾酵母	2g
鹽	3g
水(請參照p.8)	132g
防沾用高筋麵粉	適量

揉麵

1 在攪拌盆中，放入高筋麵粉、乾酵母和鹽。

2 使用刮板充分混拌整體，讓材料完全混合均勻。

3 在正中央弄個凹洞，倒入水。

4 混合整體直到變成一團。

5 將麵團移至揉麵檯，使用2片刮板再繼續混合成一團。

6 當麵團混合成一團後，開始揉麵。
▶請參照p.9的揉麵

7 抓住麵團的邊端，舉起麵團朝揉麵檯摔打(大致標準為40~50次)。
▶請參照p.10的揉麵

POINT 麵團摔打的強度和次數都要減弱和減少，才能呈現法國麵包應有的口感。

8 將麵團滾圓，讓表面光滑緊繃。

🍄 **第一次發酵**

9 將麵團放入攪拌盆中，蓋上保鮮膜。

10 在26~28℃的環境下，讓麵團發酵45分鐘，約變成2~2.5倍的大小。
▶請參照p.11的第一次發酵

11 從攪拌盆中取出麵團，進行壓擠(麵團先橫向對摺，再縱向對摺，壓成扇形)，修整表面。

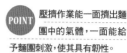

POINT 壓擠作業能一面擠出麵團中的氣體，一面能給予麵團刺激，使其具有韌性。

12 將麵團再放回攪拌盆中後，蓋上保鮮膜，在26~28℃的環境下，讓它發酵30分鐘，約變成2~2.5倍的大小。

🍄 **分割**

13 用刮板從攪拌盆中取出麵團，避免弄傷麵團表面，將麵團分割成2等份(各160~165g)，滾圓。

🍄 **醒麵**

14 將麵團排放在有高度的鋼盤等容器中，蓋上充分擰乾的濕抹布，抹布不要碰到麵團，讓它鬆弛約20分鐘。

🍞 整型

15 在揉麵檯上撒上防沾麵粉，麵團接合口朝上放到檯子上，用手掌輕輕按壓成10～15cm的圓形。

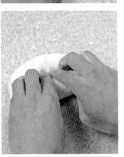

16 將麵團上、下往正中央翻摺，從接合口上方按壓，形成溝槽。

17 再從溝槽對摺成一半。

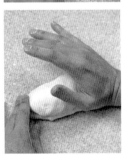

18 用手掌根部壓擊邊緣，讓接合口徹底黏合。

POINT 麵團要徹底黏合，發酵後表面緊繃，才容易綻開形成裂紋。

🍞 最後發酵

19 麵團的接合口朝下，放在摺有縐褶的帆布上，在32～34℃的環境下，讓它發酵30分鐘，約變成1.5倍的大小。
▶請參照p.15的最後發酵

🍞 烘烤

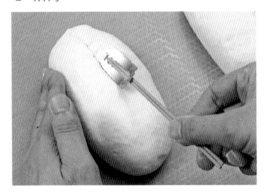

20 在烤箱中放入烤盤，預熱至220℃。趁預熱期間，讓麵團接合口朝下，排放在烤焙紙上，在每個表面縱向畫出切口。

21 在麵團表面噴上水，將放有麵團的烤焙紙，如同滑入般的放入已烤熱的烤盤中，放入預熱至220℃的烤箱中，約烘烤25分鐘。

POINT 麵團放在熱烤盤上，接合口烘烤後會黏合，表面的切口便容易綻開。

法國麵包麵團 Basic

法國中棍麵包

這是畫有3條切口的法國中棍麵包（btard）。
雖然作法簡單，但仍需要一些技巧。

材料〔2條份〕

高筋麵粉	300g
乾酵母	3g
鹽	5g
水（請參照p.8）	198g
防沾用高筋麵粉	適量

🎩 進行至第一次發酵

1 請參照p.42紡錘麵包的步驟**1～12**，麵團揉好後讓它第一次發酵。

🎩 分割 & 醒麵

2 在揉麵檯上撒上防沾麵粉，取出麵團，將它分割成2等份（各240～250g）。

3 用手掌輕輕按壓麵團，讓它成為縱長的橢圓形。將麵團下緣往上摺1/3，再將上緣往下摺，形成摺三摺的情形，讓麵團表面緊繃、變圓，成為橫長15cm的橢圓形。排放在鋼盤等容器中，蓋上充分擰乾的濕抹布，讓它鬆弛約20分鐘。

🎩 整型

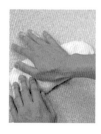

4 在揉麵檯上撒上防沾麵粉，麵團接合口朝上放到台子上，用手掌輕輕按壓成橫長20cm的橢圓形。

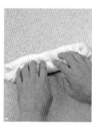

5 將麵團上、下往正中央翻摺，從接合口上方按壓，形成溝槽。

6 再從溝槽對摺成一半。用手掌根部壓擊邊緣，讓接合口充分黏合。用雙手滾動麵團，將它揉成粗細均勻一致。麵團接合口朝下，將它並排放到摺有縐褶的帆布上。

🎩 最後發酵

7 在32～34℃的環境下，讓麵團發酵30分鐘，約變成1.5倍的大小。
▶請參照p.15的最後發酵

🎩 烘烤

8 在烤箱中放入烤盤，預熱至220℃。趁預熱期間，讓麵團接合口朝下排放在烤焙紙上，在每個表面斜向畫出3條切口。

9 在麵團表面噴水，將放有麵團的烤焙紙，如同滑入般的放入已烤熱的烤盤中，放入預熱至220℃的烤箱中，約烘烤25分鐘。

Total **170**分

揉麵5分
▼
第一次發酵75分
▼
分割·醒麵30分
▼
整型5分
▼
最後發酵30分
▼
烘烤25分

🍞 分割&醒麵

2 在揉麵檯上撒上防沾麵粉,取出麵團,將它分割成2等份(各160～165g)。請參照p.46法國中棍麵包的步驟**3**,將麵團揉成橢圓形。排放在鋼盤等容器中,蓋上充分擰乾的濕抹布,讓它鬆弛約20分鐘。

🍞 整型

3 在揉麵檯上撒上防沾麵粉。麵團接合口朝上放到檯子上,用手掌輕輕按壓成橫長約20cm的橢圓形。

4 將麵團上、下往正中央翻摺,從接合口上方按壓,形成溝槽。溝槽中放入切碎的巧克力。

5 從溝槽對摺成一半。用手掌根部壓擊邊緣,讓接合口充分黏合。

6 用雙手滾動麵團,將它揉成粗細均勻一致。麵團接合口朝下,將它並排放到摺有縐褶的帆布上。

🍞 最後發酵

7 在32～34℃的環境下,讓麵團發酵30分鐘,約變成1.5倍的大小。
▶請參照p.15的最後發酵

🍞 烘烤

8 在烤箱中放入烤盤,預熱至220℃。趁預熱期間,讓麵團接合口朝下排放在烤焙紙上,在每個表面斜向畫出3條切口。

9 在麵團表面噴水,將放有麵團的烤焙紙,如同滑入般的放入已烤熱的烤盤中,放入預熱至220℃的烤箱中,約烘烤25分鐘。

法國麵包麵團 ● Arrange

巧克力短棍麵包

**這是加入可可粉的黑色法國短棍麵包(baguette)。
冰涼後,佐配冰淇淋和鮮奶油一起食用也很美味。**

Total **170**分

揉麵5分
▼
第一次發酵75分
▼
分割·醒麵30分
▼
整型5分
▼
最後發酵30分
▼
烘烤25分

材料〔2條份〕

高筋麵粉	200g
乾酵母	2g
鹽	3g
可可粉(無糖)	4g
水(請參照p.8)	134g
防沾用高筋麵粉	適量
【餡料】	
巧克力	10g

48

法國麵包麵團 ● Arrange

培根麥穗麵包

**法文的「pi」是麥穗之意。嚼勁十足的麵團中，
還能嚐到緩慢擴散開的培根鮮味。**

材料〔2個份〕

高筋麵粉 ················· 200g
乾酵母 ······················· 2g
鹽 ···························· 3g
水 (請參照p.8) ·········· 132g
培根片 ······················ 2片
防沾用高筋麵粉 ············ 適量

🎩 進行至第一次發酵

1 請參照p.42的紡錘麵包步驟**1~12**，麵團
揉好後讓它第一次發酵。

🎩 分割 & 醒麵

2 在揉麵檯上撒上防沾麵粉，取出麵團，將
它分切成2等份（各160~165g）。請參照
p.46法國中棍麵包的步驟**3**，將麵團揉成橢
圓形。排放在鋼盤等容器中，蓋上充分擰乾
的濕抹布，讓它鬆弛約20分鐘。

🎩 整型

3 在揉麵檯上撒上防沾麵粉，麵團放到檯
子上，用擀麵棍將麵團擀成縱長約20cm的
橢圓形。

4 在麵團正中央放
上1片培根，將左、
右往正中央翻摺。
將麵團改成橫放，
對摺後，讓接合口
充分黏合。

5 用雙手滾動麵團，將它揉成粗細均勻一
致，排放到摺有綯褶的帆布上。

🎩 最後發酵

6 在32~34℃的環境下，讓麵團發酵30分
鐘，約變成1.5倍的大小。
▶請參照p.15的最後發酵

🎩 烘烤

7 在烤箱中放入烤盤，預熱至220℃。趁預
熱期間，讓麵團接合口朝下排放在烤焙紙
上。

8 用剪刀在麵團上
剪切口，將麵團往
左右分開，形成麥
穗的花樣。在麵團
表面噴水，將放有
麵團的烤焙紙，如
同滑入般的放入已
烤熱的烤盤中，再放入預熱至220℃的烤箱
中，約烘烤20分鐘。

Total **170**分

揉麵5分
↓
第一次發酵75分
↓
分割·醒麵30分
↓
整型10分
↓
最後發酵30分
↓
烘烤20分

揉麵5分
↓
第一次發酵40分
↓
分割·醒麵15分
↓
整型5分
↓
最後發酵30分
↓
烘烤25分

Total **120**分

裸麥麵包

裸麥麵包 Basic

法語中的「Seigle」為裸麥之意。
口感紮實、堅硬的麵包，和起司等乳製品及蜂蜜最對味。

材料〔1個份〕

高筋麵粉	100g
裸麥粉	100g
乾酵母	3g
鹽	3g
水(請參照p.8)	120g

【裝飾】

高筋麵粉	適量

揉麵

1 在攪拌盆中，放入高筋麵粉、裸麥粉、乾酵母和鹽。

2 使用刮板充分混拌整體，讓材料完全混合均勻。

3 在正中央弄個凹洞，倒入水。

4 混合整體直到變成一團。

5 將麵團移至揉麵檯，使用2片刮板再繼續混合成一團。

6 當麵團混合成一團後，開始揉麵。▶請參照p.9的揉麵

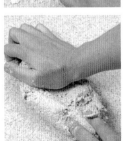

POINT 這種麵團相當黏稠，所以要揉搓到某程度變成一團才算完成。

51

7 將麵團滾圓，讓表面光滑緊繃。

分割

10 用刮板從攪拌盆中取出麵團，不需分割，直接修整成圓形。

第一次發酵

8 將麵團放入攪拌盆中，蓋上保鮮膜。

醒麵

11 將麵團排放在有高度的鋼盤等容器中，蓋上充分擰乾的濕抹布，抹布不要碰到麵團，讓它鬆弛約15分鐘。

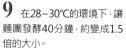

9 在28~30℃的環境下，讓麵團發酵40分鐘，約變成1.5倍的大小。
▶請參照p.11的第一次發酵

整型

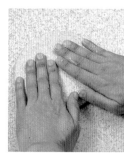

12 麵團接合口朝上放到檯子上，用手掌輕輕按壓，一面擠出氣體，一面壓成圓形。

13 將麵團下緣往正中央翻摺。

裸麥麵包
Basic

14 再將麵團上緣往正中央翻摺，從接合口上方按壓，形成溝槽。

15 沿著溝槽，將上緣往下方對摺，左右稍微往內翻摺，徹底捏緊接合口。

16 在表面撒上高筋麵粉，修整型狀。

☞ **最後發酵**

17 將麵團放在帆布上備用。

18 在32～34℃的環境下，讓麵團發酵30分鐘，約變成1.5倍的大小。
▶請參照p.15的最後發酵

☞ **烘烤**

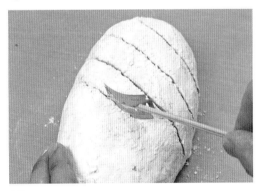

19 麵團的接合口朝下，排放在鋪有烤焙紙的烤盤上，在表面斜向畫出7條切口。

20 在麵團表面噴上水，放入預熱至220℃的烤箱中，約烘烤25分鐘。

材料〔1個份〕

高筋麵粉	140g
裸麥粉	60g
乾酵母	3g
鹽	3g
水（請參照p.8）	122g
蜜漬橙皮（切碎）	40g
核桃	40g
【裝飾】	
高筋麵粉	適量

前置作業

● 核桃用烤箱以低溫（150℃）約烘烤20分鐘。

進行至第一次發酵

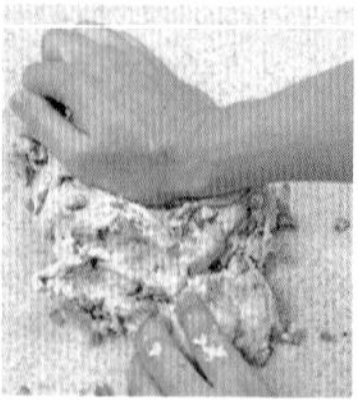

1 請參照p.50的裸麥麵包步驟**1～9**，麵團揉好後讓它第一次發酵。麵團混合成團達到某種程度後，再混入蜜漬橙皮和核桃。

分割＆醒麵

2 麵團不要分割，滾圓，別讓核桃突出表面，放入鋼盤等容器中，蓋上充分擰乾的濕抹布，讓它鬆弛約15分鐘。

整型

3 請參照p.52裸麥麵包的步驟**12～16**，同樣的將麵團修整成橢圓形，再撒上高筋麵粉。

最後發酵

4 將麵團放到帆布上，在32～34℃的環境下，讓麵團發酵30分鐘，約變成1.5倍的大小。

請參照p.15的最後發酵

烘烤

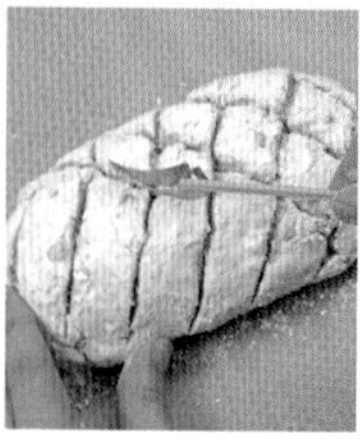

5 麵團接合口朝下放入鋪有烤焙紙的烤盤上，在表面畫出斜向切口，形成格紋。

6 在麵團表面噴水，放入預熱至220℃的烤箱中，約烘烤25分鐘。

揉麵5分
▼
第一次發酵40分
▼
分割·醒麵15分
▼
整型5分
▼
最後發酵30分
▼
烘烤25分

Total 120分

裸麥麵包麵團 ● Arrange

橙香核桃裸麥麵包

在風味樸素的裸麥麵包中，加入芳香核桃和柔軟蜜漬橙皮的華麗風味。

芝麻裸麥麵包

隨著細細咀嚼，口中充滿黑芝麻香及蘭姆葡萄乾的芳醇美味。

材料〔1個份〕

高筋麵粉	160g
裸麥粉	40g
乾酵母	3g
鹽	3g
水（請參照p.8）	124g
黑芝麻	40g
蘭姆葡萄乾	30g

🥄 進行至第一次發酵

1 請參照p.50的裸麥麵包步驟**1～9**，麵團揉好後讓它第一次發酵。麵團混合成團達到某種程度後，混入黑芝麻，混勻後再加入蘭姆葡萄乾混勻。

🥄 分割 & 醒麵

2 麵團不要分割，滾圓，別讓蘭姆葡萄乾突出表面，放入鋼盤等容器中，蓋上充分擰乾的濕抹布，讓它鬆弛約15分鐘。

🥄 整型

3 請參照p.52裸麥麵包的步驟**12～15**，同樣的將麵團修整成橢圓形。

🥄 最後發酵

4 將麵團放到帆布上，在32～34℃的環境下，讓麵團發酵30分鐘，約變成1.5倍的大小。

▶請參照p.15的最後發酵

🧑‍🍳 烘烤

5 麵團接合口朝下放入鋪有烤焙紙的烤盤上，在表面縱向畫出1條切口。

6 在麵團表面噴水，放入預熱至220℃的烤箱中，約烘烤25分鐘。

Total **120**分

揉麵5分
▼
第一次發酵40分
▼
分割·醒麵15分
▼
整型5分
▼
最後發酵30分
▼
烘烤25分

揉麵5分
▼
第一次發酵40分
▼
分割·醒麵15分
▼
整型5分
▼
最後發酵30分
▼
烘烤20分

Total **115**分

荷蘭麵包
(dutch bread)

烤到恰到好處的麵包表面呈現裂紋。
因裂紋很像老虎的花紋,所以又稱虎皮麵包。
也可以挖空裡面,盛入濃湯來享用。

材料〔4個份〕

高筋麵粉	120g
低筋麵粉	60g
裸麥粉	20g
乾酵母	3g
鹽	3g
水(請參照p.8)	128g

【上新粉麵團】

上新粉(譯註:一種米製粉)	50g
高筋麵粉	10g
乾酵母	3g
砂糖	2g
鹽	1g
水(請參照p.8)	56g
融化奶油液	10g

【裝飾】

融化奶油液	適量

製作上新粉麵團

● 冬季時,在醒麵時製作,其他季節則是在整型完成後,再製作上新粉麵團。

1 在攪拌盆中放入上新粉、高筋麵粉、乾酵母、砂糖和鹽混合,加入水,充分混勻。

2 加入融化奶油液,充分混勻。

3 蓋上保鮮膜,讓它鬆弛約30分鐘。

☞ 進行至第一次發酵

1 請參照p.50的裸麥麵包步驟**1~9**,麵團揉好後讓它第一次發酵,約脹發2倍的大小。低筋麵粉和粉類一起加入。

☞ 分割 & 醒麵

2 將麵團分割成4等份(各80~85g),滾圓,放入鋼盤等容器中,蓋上充分擰乾的濕抹布,讓它鬆弛約10分鐘。

☞ 整型

3 將麵團修整成表面光滑的圓球狀,徹底捏緊接合口。

☞ 最後發酵

4 麵團接合口朝下,放入鋪有烤焙紙的烤盤上,在32~34℃的環境下,讓麵團發酵30分鐘,約變成1.5倍的大小。
▶請參照p.15的最後發酵

☞ 烘烤

5 在**4**的麵團上,塗上厚1~2mm的上新粉麵團。

POINT 均勻的塗抹上新粉麵團,麵包烤好後,才能呈現漂亮的裂紋。

6 放入預熱至200℃的烤箱中,約烘烤20分鐘。烤好後,在表面塗上融化奶油液。

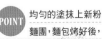

享受更多的樂趣！
五花八門的麵包模型

只要有模型，烤出的麵包
會有更多彩多姿的變化。
如果你已有吐司麵包、磅蛋糕等基本模型，
那麼，一定要試試下面的模型，
喜愛製作麵包的人
擁有它們將如虎添翼。

♕ 心形圈模

這是製作情人節甜點的必
備品！除了製作麵包外，也
能製作蛋糕、餅乾和果凍
等。可愛的心形外觀，任何
情況都派得上用場。

♕ 布里歐許模型

除了布里歐許麵包之外，
其他的麵包也能使用這
個模型。用它能烤出外形
渾圓、可愛的小型麵包。

♕ 環狀模型

想在筒狀麵包表面加上波
浪花紋時，可用這款模型。
不過要注意的是，麵團發
酵時必須塞滿模型，否則
無法烤出漂亮的圓形。

🍞 **塔模**

希望麵包像塔一樣整塊
烘烤時，可以用這種塔模
型。因為麵包會膨脹，所
以選用比一般塔模高度
還高一些的模型，才方便
使用。

🍞 **中空圈模**

想烤出漂亮的圓形麵包
時，適用這種圈模。若放
在烤盤上烘烤，麵包烤好
後上面會呈現膨脹狀態，
不放在烤盤上烘烤，烤好
後上面則較平坦。

🍞 **庫克洛夫蛋糕模**

麵包麵團只要放在庫克洛
夫模型中烘烤，就能烤出
像蛋糕一樣的可愛造型。
想把麵包當作贈禮時，這
款模型非常實用。

🍞 **發酵籃**
（banneton）

這個發酵籃源自法國，是
用來發酵鄉村麵包的麵
團。用此模型烤好的麵包
上有螺旋狀花紋，十分獨
特。是麵包迷們都想擁有
的模型之一。

人 氣 麵 包 大 集 合 !

主食麵包
和茶點麵包

許多人都想吃更美味的手作麵包。為滿足大家的需求,本章將
介紹適合不同情境的各式美味麵包,包括早、中、晚餐及茶點
等,內容充滿創意、讓人百吃不厭!

Breakfast

白麵包

這是我在孩童時代最嚮往的柔軟的海蒂白麵包。
白色是這個麵包最重要的特徵，
烘烤時千萬別烤出焦黃色。

（譯註：海蒂是「阿爾卑斯少女海蒂」卡通中的主角，白麵包之名源於此卡通）

揉麵10分
▼
第一次發酵40分
▼
分割·醒麵15分
▼
整型5分
▼
最後發酵30分
▼
烘烤10分

Total **110**分

材料〔5個份〕

高筋麵粉	150g
乾酵母	3g
砂糖	3g
鹽	2g
水 (請參照p.8)	93g
起酥油	15g

【裝飾】
高筋麵粉 ⋯⋯⋯⋯⋯⋯ 適量

進行至第一次發酵

1 請參照p.18小餐包的步驟1~11，揉好麵團後讓它第一次發酵。加入起酥油來取代奶油。

POINT 為了避免烤出焦黃色，使用起酥油來取代奶油。

分割 & 醒麵

2 將麵團分割成5等份（各50~55g），滾圓，排放在鋼盤等容器中，蓋上充分擰乾的濕抹布，讓它鬆弛約10分鐘。

整型

3 將麵團修整成圓形，變成表面光滑的圓球狀。

4 用手指充分捏緊接合口的部分。

5 在麵團整個表面沾上高筋麵粉。

最後發酵

6 麵團接合口朝下，排放在鋪了烤焙紙的烤盤上，在35~38℃的環境下，讓麵團發酵30分鐘，約變成2倍不到的大小。
請參照p.15的最後發酵

烘烤

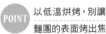

7 放入預熱至180℃的烤箱中，約烘烤10分鐘。

POINT 以低溫烘烤，別讓麵團的表面烤出焦黃色。

Total 115分

揉麵5分
▼
第一次發酵40分
▼
分割·醒麵10分
▼
整型5分
▼
最後發酵30分
▼
烘烤25分

健康雜豆鄉村麵包

這是混入豆類的健康麵包。
能細細咀嚼豆子的美味,也可以將喜愛的豆子煮好後再混入。

材料〔1個份〕

高筋麵粉	135g
裸麥粉	15g
乾酵母	3g
鹽	3g
水(請參照p.8)	54g
優格(原味)	45g
綜合豆類	120g

🍳 進行至第一次發酵

1 請參照p.50的裸麥麵包步驟1~9,揉好麵團後讓它第一次發酵。優格和水一起加入。

🍳 分割 & 醒麵

2 麵團不要分割,滾圓,放入鋼盤等容器中,蓋上充分擰乾的濕抹布,讓它鬆弛約10分鐘。

🍳 整型

3 用擀麵棍將麵團擀成30×15cm的長方形。

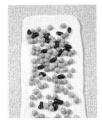

4 在麵團上平均放上綜合豆類,上端保留2cm,左右各保留1cm不放豆。

POINT 豆子要平均放在麵團上,整體均勻的撒滿,完成後外觀才漂亮。

4 由面前開始捲起麵團至末端,兩側及接合口需緊緊貼合以防烘烤時脹裂。

🍳 最後發酵

5 讓麵團接合口朝下,排放在鋪有烤焙紙的烤盤上,在32~34℃的環境下,讓麵團發酵30分鐘,約變成1.5~2倍不到的大小。
▶請參照p.15的最後發酵

🍳 烘烤

6 在表面每間隔1.5cm斜向畫出切口。

POINT 切口稍微劃深一點,讓豆子能夠看見,這樣烤好後才美觀。

7 放入預熱至200℃的烤箱中,約烘烤25分鐘。

材料〔18×7×H5.5cm的磅蛋糕模型1個份〕

高筋麵粉	150g
乾酵母	3g
砂糖	9g
鹽	2g
奶油玉米罐頭	60g
玉米粒	36g
鮮奶	45g
無鹽奶油	9g

前置作業

● 揉入麵包麵團的奶油，先恢復成室溫回軟備用。
● 在模型中塗抹油脂（起酥油等）。
● 玉米粒要充分瀝乾水分備用。

🍞 進行至第一次發酵

1 請參照p.18小餐包的步驟 1～11，揉好麵團後讓它第一次發酵。用鮮奶取代水，加入奶油玉米罐頭，摔打50～60次，揉麵約完成八成後，再加入玉米粒。

🍞 分割 & 醒麵

2 將麵團分割成3等份（各100～105g），滾圓，排放在鋼盤等容器中，蓋上充分擰乾的濕抹布，讓它鬆弛約10分鐘。

🍞 整型

3 將麵團修整成圓形，變成表面光滑的圓球狀。

4 用手指徹底捏緊接合口的部分。

玉米麵包

這是富含玉米的麵包。若加入奶油和醬油烘烤能散發烤玉米的風味！

5 麵團接合口朝下放入模型中，讓麵團先緊靠在模型兩側放入，最後才放正中央的麵團，這樣比較好放。

🍞 最後發酵

6 在35～38℃的環境下，讓麵團發酵30分鐘，約變成1.5～2倍不到的大小。發酵大致的標準是，麵團脹發高度約比模型高度高出1cm。▶請參照p.15的最後發酵

🍞 烘烤

7 放入預熱至200℃的烤箱中，約烘烤25分鐘。

揉麵10分
▼
第一次發酵40分
▼
分割·醒麵15分
▼
整型5分
▼
最後發酵30分
▼
烘烤25分

Total **125**分

蛋球麵包

一口大小的麵包中,還包有鵪鶉蛋。
視個人喜好,裝飾上美奶滋再烘烤也很美味。

材料〔直徑6.5cm的布里歐許模型8個份〕

高筋麵粉	150g
乾酵母	3g
砂糖	3g
鹽	2g
脫脂奶粉	9g
水(請參照p.8)	90g
橄欖油	12g

【餡料】
　鵪鶉蛋 ……… 8個
【裝飾】
　起司粉 ……… 適量

前置作業

● 鵪鶉蛋以沸水煮過去殼備用。
● 在模型中塗抹油脂(起酥油等)。

👨‍🍳 進行至第一次發酵

1 請參照p.18小餐包的步驟**1~11**,揉好麵團後讓它第一次發酵。用橄欖油來取代奶油。

👨‍🍳 分割&醒麵

2 將麵團分割成8等份(各30~35g)。滾圓後排放在鋼盤等容器中,蓋上充分擰乾的濕抹布,讓它鬆弛約10分鐘。

👨‍🍳 整型

3 將麵團修整成圓形。將正中央壓凹,放入鵪鶉蛋,用周圍的麵團將蛋包起來。

4 用毛刷在麵團表面塗上水(分量外),再沾上起司粉。

5 麵團接合口朝上,蓋上布里歐許模型後,直接上下顛倒把麵團放入模型中。

👨‍🍳 最後發酵

6 在35~38℃的環境下,讓麵團發酵30分鐘,約變成1.5~2倍不到的大小。
▶ 請參照p.15的最後發酵

👨‍🍳 烘烤

7 用廚房專用剪在麵團上,剪出×號般的切口,放入預熱至180℃的烤箱中,約烘烤12分鐘。

揉麵10分
▼
第一次發酵40分
▼
分割·醒麵15分
▼
整型5分
▼
最後發酵30分
▼
烘烤12分

Total **112**分

Breakfast

揉麵2分
▼
發酵·壓擠150分
▼
分割·整型5分
▼
最後發酵30分
▼
烘烤25分

Total **212分**

農家麵包

這是不需揉麵，作法超簡單、口感細軟的麵包。
視個人喜好，還能加入乾果、水果乾和香料等。

材料（4個份）

高筋麵粉 ························· 200g
乾酵母 ··························· 2g
鹽 ································· 3g
水（請參照p.8） ················ 160g
【裝飾】
　高筋麵粉 ···················· 適量

🍳 揉麵

1 在攪拌盆中，放入高筋麵粉、乾酵母和鹽，用橡皮刮刀混合，在正中央弄個凹洞，倒入水，充分混拌到麵團產生黏性。

🍳 發酵·壓擠

2 蓋上保鮮膜，在26~28℃的環境下，讓麵團發酵60分鐘，約變成2倍大。
▶請參照p.11的第一次發酵

3 為避免弄傷麵團，用橡皮刮刀將麵團翻面2~3次。

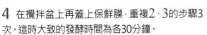

4 在攪拌盆上再蓋上保鮮膜，重複2、3的步驟3次。這時大致的發酵時間為各30分鐘。

5 當麵團很容易從橡皮刮刀上脫落時，就表示發酵完成了。

 POINT 麵團若會黏在橡皮刮刀上，要繼續重複發酵、壓擠的作業。

🍳 分割·整型

6 在揉麵檯上平均撒上大量的高筋麵粉，從攪拌盆中取出麵團。

7 在整個麵團上再撒上高筋麵粉，將它修整成圓形，平均分切成4份。

🍳 最後發酵

8 撢掉麵團上多餘的麵粉，放入鋪有烤焙紙的烤盤上，在32~34℃的環境下，讓麵團發酵30分鐘，約變成1.5倍的大小。

🍳 烘烤

9 放入預熱至220℃的烤箱中，約烘烤25分鐘。

英式馬芬

這是歐美國家早餐不可或缺的麵包。從中割開，除了能夾果醬外，還能夾火腿、起司和煎蛋。

材料〔直徑8×H3cm的中空圈模5個份〕

高筋麵粉	150g
乾酵母	3g
砂糖	3g
鹽	2g
脫脂奶粉	9g
水（請參照p.8）	96g
玉米粉	9g
起酥油	9g

【裝飾】
    玉米粉 …………………… 適量

前置作業

● 在中空圈模中塗抹油脂（起酥油等），排放在鋪了烤焙紙的烤盤上備用。

☞ 進行至第一次發酵

1 請參照p.18小餐包的步驟1~11，揉好麵團後讓它第一次發酵。玉米粉是和粉類一起加入，起酥油取代奶油加入。摔打次數比小餐包少，約摔打50~60次。

☞ 分割 & 醒麵

2 將麵團分割成10等份（各25~27g），滾圓，排放在鋼盤等容器中，蓋上充分擰乾的濕抹布，讓它鬆弛約10分鐘。

☞ 整型

3 將麵團修整成圓形，2個麵團的接合口相貼，放在揉麵檯上。

4 用擀麵棍輕壓麵團，將它擀成直徑將近8cm的圓形。

> **POINT** 組合2個麵團，吃的時候，就很容易從中切開。

5 用毛刷在麵團表面塗上水（分量外），沾上玉米粉，放入中空圈模中，從上輕壓，將它壓平。

☞ 最後發酵

6 在35~38℃的環境下，讓麵團發酵30分鐘，約變成1.5~2倍不到的大小。發酵大致的標準是，麵團脹發高度約比模型高度低5mm。

▶ 請參照p.15的最後發酵

☞ 烘烤

7 在6的麵團上，蓋上烤焙紙和烤盤，放入預熱至200℃的烤箱中，約烘烤15分鐘。

> **POINT** 烘烤時放上烤盤，就能烤出表面平整的馬芬。

CHAPTER 2

主食麵包和茶點麵包 英式馬芬

Total **120分**

揉麵10分
▼
第一次發酵40分
▼
分割·醒麵15分
▼
整型10分
▼
最後發酵30分
▼
烘烤15分

揉麵95分
▼
摺入奶油105分
▼
整型10分
▼
最後發酵60分
▼
烘烤15分

Total 285分

Breakfast

牛角麵包

「牛角麵包配歐蕾咖啡」是法國早餐的經典組合。
假日的早晨，來份充滿巴黎風味，口感酥鬆的牛角麵包吧！

材料〔6個份〕

高筋麵粉⋯⋯⋯⋯⋯⋯⋯⋯⋯⋯ 150g
乾酵母⋯⋯⋯⋯⋯⋯⋯⋯⋯⋯⋯ 3g
砂糖⋯⋯⋯⋯⋯⋯⋯⋯⋯⋯⋯⋯ 15g
鹽⋯⋯⋯⋯⋯⋯⋯⋯⋯⋯⋯⋯⋯ 2g
水（請參照p.8）⋯⋯⋯⋯⋯⋯⋯ 90g
無鹽奶油⋯⋯⋯⋯⋯⋯⋯⋯⋯⋯ 15g
無鹽奶油（打摺用）⋯⋯⋯⋯⋯ 90g
防沾用高筋麵粉⋯⋯⋯⋯⋯⋯⋯ 適量

前置作業

● 揉入麵包麵團的奶油，先恢復成室溫回軟備用。

● 摺疊用奶油用保鮮膜包夾好，擀成12cm的正方形，放入冷藏庫中，要用之前再取出，放軟備用。

揉麵

1 在攪拌盆中，放入高筋麵粉、乾酵母、砂糖和鹽。利用刮板充分混拌整體，讓材料完全混合均勻。

2 在正中央弄個凹洞，倒入水。

3 混合整體直到變成一團。將麵團移至揉麵檯，使用2片刮板再繼續混合成一團。當麵團混合到沒有粉末顆粒，再揉搓。
▶請參照p.9揉麵

4 在麵團中放入撕成小塊的奶油，搓揉麵團直到奶油完全融入其中。

5 將麵團滾圓，讓表面光滑緊繃。

6 將麵團放入攪拌盆中，蓋上保鮮膜。放在室溫中，讓它鬆弛30分鐘。

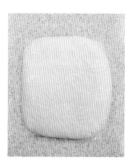

7 將麵團放到揉麵檯上，用手壓成厚1cm的板狀，用保鮮膜包好，放入冷藏庫中讓它鬆弛1個小時。

12 用保鮮膜包好，放入冷藏庫中讓它鬆弛30分鐘以上。看得到麵團摺疊層次的部分朝左、右放在揉麵檯上，重複**10~12**的步驟2次。

🍳 摺入奶油

8 在揉麵檯上撒上防沾麵粉，用擀麵棍將麵團擀成包裹摺疊用奶油的大小（20×20cm）。

🍳 整型

13 在揉麵檯上撒上防沾粉，用擀麵棍將麵團擀成比28×20cm（厚 5~6mm）稍大一點。

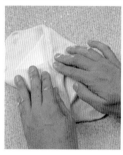

9 如圖所示般，將麵團四角往內摺疊，包裹住奶油。

14 切掉多餘的麵團，成為28×20cm的長方形，再分割成6片底邊8cm的等邊三角形。

10 用擀麵棍從上擀壓整體，擀成厚1cm後，用擀麵棍從正中央往上擀4~5次，再從正中央往下擀4~5次。

11 擀成40×20cm（厚6mm）的長方形後，將麵團摺三摺。

15 在底邊的正中央，切出長約1.5cm的切口。

16 切口朝左右翻開。

17 輕輕輕滾動麵團將它捲起來。

18 捲包到最後，麵團的接合口朝下，排放在鋪有烤焙紙的烤盤上。

☞ 最後發酵

19 在25～27℃的環境下，讓麵團發酵60分鐘，約變成1.5～2倍不到的大小。
▶請參照p.15的最後發酵

 POINT 讓它在低溫中發酵，奶油才不會融化。

☞ 烘烤

20 放入預熱至210℃的烤箱中，約烘烤15分鐘。

用多餘的牛角麵包麵團製作堅果蛋糕！

還可以利用多餘的麵團，製作另一種甜點。將麵團切成1cm的小丁，放入鋁箔杯模中，撒上白砂糖，放入預熱至210℃的烤箱中烘烤約15分鐘。視個人喜好，也可以撒上肉桂，或在麵團中混入核桃等乾果和水果乾再烘烤。

Lunch

貝果

不用奶油的貝果，健康是它最大的魅力。
只用水煮就能產生獨特紮實的Q韌口感。

材料〔3個份〕

高筋麵粉	200g
乾酵母	3g
砂糖	4g
鹽	3g
水 (請參照p.8)	116g

☞ 進行至第一次發酵

1 請參照p.18小餐包的步驟1~11，揉好麵團後讓它第一次發酵。不加奶油，也不摔打直接揉搓。

☞ 分割＆醒麵

2 將麵團分割成3等份（各105~110g），滾圓，排放在鋼盤等容器中，蓋上充分擰乾的濕抹布，讓它鬆弛約10分鐘。

☞ 整型

3 用擀麵棍擀成橫長20cm的橢圓形。將麵團上、下往正中央翻摺，從接合口上方按壓，形成溝槽。

4 再從溝槽對摺成一半，徹底捏緊接合口。

5 一面滾動麵團，一面揉成長25cm的棒狀。

 POINT 揉長時，粗細要保持一致。

6 接合口朝上，一端用手壓成扇形，另一端揉細。

7 接合成環狀，用扇形端包住細端黏合。

☞ 最後發酵

8 將麵團放在帆布上，在32~34℃的環境下，讓它發酵30分鐘，約變成1.5倍的大小。
▶請參照p.15的最後發酵

☞ 水煮

9 在鍋裡裝入大量的水煮沸，加入1小匙（分量外）砂糖或蜂蜜煮融，沸騰後轉小火放入麵團，煮15秒翻面，再水煮10秒。

 POINT 在水中加入砂糖，貝果能烤出恰到好處的烤色。

☞ 烘烤

10 將貝果放在鋪了烤焙紙的烤盤上，放入預熱至200℃的烤箱中，約烘烤15分鐘。

揉麵10分
▼
第一次發酵40分
▼
分割·醒麵15分
▼
整型5分
▼
最後發酵30分
▼
水煮2分
▼
烘烤15分

Total **117**分

貝果三明治

黃貝果

混合粉類時，混入3g的薑黃，就能
完成顏色鮮黃的貝果。散發淡淡的
香料，很適合作為正式的餐點。

貝果三明治

將烤好的麵包橫切一半，塗上毛豆醬（請參
照p.107），放上萵苣和切片的水煮蛋，撒上
黑胡椒即完成。

揉麵10分
▼
第一次發酵40分
▼
分割·醒麵15分
▼
整型5分
▼
最後發酵30分
▼
烘烤15分

Total 115分

78

Lunch

總匯三明治

只要在麵團中加入橄欖油、麻油、奶油或起酥油等不同的油，
就能享受不同的風味，還能夾入喜愛的餡料。

材料〔4個份〕

高筋麵粉	150g
乾酵母	3g
砂糖	6g
鹽	2g
水（請參照p.8）	96g
橄欖油	9g

【裝飾】
　　橄欖油 ························· 適量

☞ 進行至第一次發酵

1 請參照p.18小餐包的步驟**1~11**，揉好麵團後讓它第一次發酵。加入橄欖油以取代奶油。

☞ 分割＆醒麵

2 將麵團分割成4等份（各60~65g），滾圓，排放在鋼盤等容器中，蓋上充分擰乾的濕抹布，讓它鬆弛約10分鐘。

☞ 整型

3 將麵團修整成圓形，接合口朝上放在揉麵檯上，再用擀麵棍將它擀成15×12cm的橢圓形。

4 在前半部塗上橄欖油。

POINT 塗上橄欖油，麵包烤好後不會沾黏在一起。

5 從後面往前面對摺。

☞ 最後發酵

6 將麵團放在鋪了烤焙紙的烤盤上，在35~38℃的環境下，讓麵團發酵30分鐘，約變成1.5~2倍不到的大小。
▶請參照p.15的最後發酵

☞ 烘烤

7 在麵團表面塗上橄欖油，放入預熱至200℃的烤箱中，約烘烤15分鐘。

8 烘烤好後，夾入喜愛的餡料便可享用。

揉麵8分
▼
第一次發酵40分
▼
分割·醒麵10分
▼
整型5分
▼
最後發酵30分
▼
烘烤25分

Total **118**分

Lunch

鬆軟佛卡夏

通常，扁平的佛卡夏是烤成鬆軟的口感，裡面也可以夾入火腿或起司等餡料。

材料〔直徑15cm的圓形模型1個份〕

高筋麵粉	200g
乾酵母	4g
砂糖	10g
鹽	3g
脫脂奶粉	20g
水 (請參照p.8)	124g
橄欖油	20g

【裝飾】

橄欖油	適量
起司粉	適量

事前準備

● 在模型中塗抹油脂 (起酥油等)。

進行至第一次發酵

1 請參照p.18小餐包的步驟**1～11**，揉好麵團後讓它第一次發酵。加入橄欖油來取代奶油。麵團摔打的次數比小餐包少，約摔打40～50次。

分割 & 醒麵

2 麵團不分割。滾圓，排放在鋼盤等容器中。蓋上充分擰乾的濕抹布，讓它鬆弛約10分鐘。

整型

3 將麵團修整成圓形，用擀麵棍擀成直徑15cm的圓形。

4 接合口朝下放入模型中，輕輕的用手壓平。

最後發酵

5 在35～38℃的環境下，讓麵團發酵30分鐘，約變成1.5～2倍不到的大小。發酵大致的標準是，麵團脹發高度約比模型高度矮1cm。

▶請參照p.15的最後發酵

烘烤

6 用手指在整個麵團上，壓出深的凹洞。

 POINT 如果將凹洞充分壓到底部，麵團烘烤時較不易膨脹，烤出來的麵包會變得扁平。

7 在麵團表面塗上橄欖油。

8 撒上起司粉，放入預熱至200℃的烤箱中，約烘烤25分鐘。

維也納香腸捲

用麵包麵團捲包住香腸！
捲出漂亮花紋的重要訣竅，
是麵團之間要保留空隙。

🌱 進行至第一次發酵

1 請參照p.18小餐包的步驟**1~11**，揉好麵團後讓它第一次發酵。起司粉和粉類一起混合。

🌱 分割 & 醒麵

2 將麵團分割成6等份（各60~65g），滾圓，排放在鋼盤等容器中，蓋上充分擰乾的濕抹布，讓它鬆弛約10分鐘。

🌱 整型

3 用擀麵棍將麵團擀成9×9cm的正方形，前面保留1cm不切斷，平均每間隔1.5cm切出切口，將麵團共切成6等份。

4 在麵團前方放上維也納香腸，輕輕的捲包起來，再徹底捏緊接合口。

🌱 最後發酵

5 將麵團排放在鋪有烤焙紙的烤盤上，在35~38℃的環境下，讓麵團發酵30分鐘，約變成1.5~2倍不到的大小。
▶請參照p.15的最後發酵

🌱 烘烤

6 放入預熱至200℃的烤箱中，約烘烤12分鐘。

揉麵10分
▼
第一次發酵40分
▼
分割·醒麵15分
▼
整型10分
▼
最後發酵30分
▼
烘烤12分

Total **117**分

材料〔6個份〕

高筋麵粉	200g
乾酵母	4g
砂糖	8g
鹽	3g
脫脂奶粉	10g
起司粉	20g
水（請參照p.8）	128g
無鹽奶油	10g
維也納香腸（10cm以上）	6根

前置作業

● 揉入麵包麵團的奶油，先恢復成室溫回軟備用。

材料〔4個份〕

高筋麵粉 ························· 150g
乾酵母 ····························· 2g
鹽 ·································· 2g
水 (請參照p.8) ················· 99g
防沾用高筋麵粉 ················ 適量
【肉餡】
　豬絞肉 ························· 75g
　新鮮香菇 ······················ 1朵
　水煮竹筍 ······················ 20g
　長蔥 ························· 1/4根
　麻油 ························· 1/2小匙
　A (砂糖、酒、醬油) ········ 各1小匙
　鹽、胡椒 ···················· 各少量
　太白粉 ······················· 1小匙

前置作業

● 製作肉餡
1 將新鮮香菇、竹筍和長蔥切成8mm的小丁。
2 在平底鍋中加熱麻油·放入1拌炒·加入A混合·放涼。
3 先在攪拌盆中放入2、豬絞肉、鹽、胡椒和太白粉·充分混合·分成4等份揉圓。

🥄 進行至第一次發酵

1 請參照p.42紡錘麵包的步驟1~12·麵團揉好後讓它第一次發酵。

🥄 分割＆醒麵

2 將麵團分割成4等份 (各60~65g)·滾圓·放入鋼盤等容器中·蓋上充分擰乾的濕抹布·讓它鬆弛約20分鐘。

🥄 整型

3 在揉麵檯上撒上防沾粉·用擀麵棍將麵團擀成直徑12~15cm的圓形 (正中央要厚一點)。

Lunch

中式法國麵包

在法國麵包中，
包入飽含肉汁的肉餡。
如果冷掉，請加熱後食用。

4 在正中央放上肉餡·將四周的麵團往中央合攏充分捏緊。麵團接合口朝下·並排放到摺有縐褶的帆布上。

🥄 最後發酵

5 在32~34℃的環境下·讓麵團發酵30分鐘·約變成1.5~2倍不到的大小。
▶請參照p.15的最後發酵

🥄 烘烤

6 在烤箱中放入烤盤·預熱至220℃。讓麵團接合口朝下排放在烤焙紙上·在每個表面縱向劃出1條切口。

7 在麵團表面噴水·在已加熱的烤盤上·放上放有麵團的烤焙紙·放入預熱至220℃的烤箱中·約烘烤15分鐘。

Total **155**分

揉麵5分
▼
第一次發酵75分
▼
分割·醒麵25分
▼
整型5分
▼
最後發酵30分
▼
烘烤15分

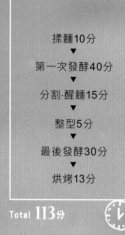

揉麵10分
▼
第一次發酵40分
▼
分割·醒麵15分
▼
整型5分
▼
最後發酵30分
▼
烘烤13分

Total 113分

Lunch

烤咖哩麵包

這個非油炸的條狀咖哩麵包,單手拿著就能輕鬆大口享受。黃色麵團色彩十分鮮豔。

材料〔3個份〕

高筋麵粉 ················· 150g
乾酵母 ··················· 3g
砂糖 ····················· 3g
鹽 ······················· 2g
脫脂奶粉 ················· 9g
薑黃 ····················· 3g
水 (請參照p.8) ········· 96g
無鹽奶油 ················· 15g

【咖哩內餡】

混合絞肉 ················ 100g
　┌洋蔥 ················ 100g
A │胡蘿蔔 ··············· 1/3條
　└大蒜 ················· 1瓣
水煮番茄 ················ 20g
咖哩粉 ·················· 10g
低筋麵粉 ················ 3g
紅葡萄酒 ················ 40g
番茄醬 ·················· 10g
鹽 ····················· 1/2小匙
高湯塊 ·················· 1個
水 ····················· 50g
奶油、沙拉油 ··········· 各1大匙

【裝飾】

起司粉 ·················· 適量

前置作業

● 製作咖哩內餡。

1 將A全部切碎。

2 在鍋裡放入奶油和沙拉油加熱，放入大蒜炒到散發香味。

3 加入剩餘A，炒熟後再加入絞肉一起拌炒。

4 加入咖哩粉和低筋麵粉一起拌炒，再加入所有剩餘的材料。

5 一面以小火燉煮到適當的軟硬度，一面不時的混拌，完成後放涼備用。

● 揉入麵包麵團的奶油，先恢復成室溫回軟備用。

☞ 進行至第一次發酵

1 請參照p.18小餐包的步驟**1~11**，揉好麵團後讓它第一次發酵。薑黃粉和粉類一起混合。

☞ 分割 & 醒麵

2 將麵團分割成3等份 (各85~90g)，滾圓，排放在鋼盤等容器中，蓋上充分擰乾的濕抹布，讓它鬆弛約10分鐘。

☞ 整型

3 將麵團修整成圓形，接合口朝上放在揉麵檯上，輕輕將麵團壓平，用擀麵棍擀成縱長25~30cm的橢圓形。

4 在正中央放上內餡，將左、右的麵皮捏起，讓兩邊充分黏合。

POINT 為避免烘烤過程中麵團裂開，接合口一定要徹底捏緊黏合。

5 用毛刷在表面塗上水 (分量外)，在表面沾上起司粉。

☞ 最後發酵

6 將麵團接合口朝下，排放在鋪有烤焙紙的烤盤上，在35~38℃的環境下，讓麵團發酵30分鐘，約變成1.5~2倍不到的大小。

▶ 請參照p.15的最後發酵

☞ 烘烤

7 放入預熱至200℃的烤箱中，約烘烤13分鐘。

茶香麵包

這是散發紅茶風味、蛋糕型的麵包。
切塊後加上鮮奶油,就成為豪華的午茶甜點。

材料〔直徑15cm的庫克洛夫蛋糕模型1個份〕

高筋麵粉	150g
乾酵母	3g
砂糖	18g
鹽	2g
脫脂奶粉	9g
蛋汁	24g
紅茶茶葉	3g
水	75g
無鹽奶油	30g

前置作業

● 在鍋裡放入紅茶茶葉和水,煮好後放涼備用。
● 揉入麵包麵團的奶油,先恢復成室溫回軟備用。
● 在模型中塗抹油脂(起酥油等)。

🧑‍🍳 進行至第一次發酵

1 請參照p.26麵包捲的步驟1~11,揉好麵團後讓它第一次發酵。煮出的紅茶連同茶葉一起取代水加入其中。

🧑‍🍳 分割&醒麵

2 麵團不要分割,滾圓,排放在鋼盤等容器中,蓋上充分擰乾的濕抹布,讓它鬆弛約10分鐘。

🧑‍🍳 整型

3 將麵團修整成圓形,接合口朝上放在揉麵檯上,用手掌從上輕輕的按壓,將它稍微壓平。

4 用中指和食指在正中央弄個洞,再將洞弄大一點。

5 麵團的接合口朝上放入模型中,用指尖按壓麵團,將表面壓平。

 **POINT** 按壓麵團讓它塞滿模型的邊角,這樣才能烤出完整、漂亮的花樣。

🧑‍🍳 最後發酵

6 在35~38℃的環境下,讓麵團發酵30分鐘,約變成1.5~2倍不到的大小。發酵大致的標準是,麵團脹發高度約比模型高度低1cm。
▶請參照p.15的最後發酵

🧑‍🍳 烘烤

7 放入預熱至200℃的烤箱中,約烘烤25分鐘。

揉麵10分
▼
第一次發酵50分
▼
分割·醒麵10分
▼
整型5分
▼
最後發酵30分
▼
烘烤25分

Total **130**分

肉桂捲

放上大量肉桂糖的麵團,
一圈圈的捲起來後再切塊。
烤到恰到好處,午後3點的茶點就完成了。

材料〔6個份〕

高筋麵粉	150g
乾酵母	3g
砂糖	12g
鹽	2g
蛋汁	15g
鮮奶(請參照p.8)	78g
無鹽奶油	15g
【內餡】	
肉桂粉	3g
白砂糖	15g

前置作業

● 揉入麵包麵團的奶油,先恢復成室溫回軟
　備用。
● 準備6個鋁箔杯模(直徑8cm)
● 肉桂粉和白砂糖先混合備用。

☕ 進行至第一次發酵

1 請參照p.26奶油捲的步驟**1~11**,揉好麵團
後讓它第一次發酵。加入鮮奶以取代水。

☕ 分割 & 醒麵

2 麵團不要分割,滾圓,排放在鋼盤等容器中,
蓋上充分擰乾的濕抹布,讓它鬆弛約10分鐘。

☕ 整型

3 用擀麵棍將麵團擀成
30×16cm的長方形,上面
保留1~2cm不塗水,其餘
部分輕輕的塗上水,再平
均的撒上肉桂糖。

4 從面前開始將麵團捲包
起來,捲好後黏合接合口。

POINT 麵團如果捲得太
緊,會沒有發酵膨
脹的餘地,捲得鬆鬆的,烤
好後正中央的麵團才能膨
脹突出來。

5 將整條管狀麵團平均
切成六等份。

6 切口朝上,放入排放在
烤盤的鋁箔杯模中,再修
整型狀。

☕ 最後發酵

7 在35~38℃的環境下,讓麵團發酵30分鐘,約
變成1.5~2倍不到的大小。
▶請參照p.15的最後發酵

☕ 烘烤

8 放入預熱至200℃的烤箱中,約烘烤13分鐘。

Total 118分

揉麵10分
▼
第一次發酵50分
▼
分割·醒麵10分
▼
整型5分
▼
最後發酵30分
▼
烘烤13分

揉麵10分
▼
第一次發酵40分
▼
分割·醒麵15分
▼
整型10分
▼
最後發酵30分
▼
烘烤13分

Total **118**分

Tea time

菠蘿麵包

這是人氣茶點菠蘿麵包。裡面沒包菠蘿餡料，
只因為它的格子花紋
很像菠蘿的花樣因而得名。

材料〔5個份〕

高筋麵粉	150g
乾酵母	3g
砂糖	15g
鹽	2g
脫脂奶粉	12g
鮮奶(請參照p.8)	96g
無鹽奶油	15g
【餅乾麵團】	
低筋麵粉	90g
砂糖	30g
無鹽奶油	30g
蛋汁	30g
【裝飾】	
白砂糖	適量

前置作業

● 請參照p.152製作餅乾麵團，放入冷藏庫
冷藏備用

● 揉入麵包麵團的奶油，先恢復成室溫回軟
備用。

🍳 進行至第一次發酵

1 請參照p.18小餐包的步驟**1～11**，揉好麵團後讓
它第一次發酵。加入鮮奶以取代水。

🍳 分割 & 醒麵

2 將麵團分割成5等份(各50～55g)，滾圓，排放
在鋼盤等容器中，蓋上充分擰乾的濕抹布，讓它鬆
弛約10分鐘。

🍳 整型

3 將餅乾麵團分切成5等
份(各30g)，修整成圓
形，用擀麵棍擀成直徑8～
10cm的圓形。

4 將麵包麵團條整成圓
形，捏緊接合口，接合口朝
上放在餅乾麵團上。

5 用餅乾麵團將麵包麵團
包住，視個人喜好沾上白
砂糖。

6 用刮板在上面切出格
子狀切口。

POINT 切口如果切得不夠
深，麵團膨脹後，格
子花樣會消失不見。

🍳 最後發酵

7 將麵團排放在鋪了烤焙紙的烤盤上，在35～38
℃的環境下，讓麵團發酵30分鐘，約變成1.5～2倍
不到的大小。
▶請參照p.15的最後發酵

🍳 烘烤

8 放入預熱至200℃的烤箱中，約烘烤13分鐘。

水果丹麥酥

在烤得芳香酥鬆的丹麥酥上，裝飾上卡士達醬和水果。
可視個人喜好組合不同的餡料。

材料〔6個份〕

高筋麵粉	150g
乾酵母	3g
砂糖	15g
鹽	2g
水（請參照p.8）	90g
無鹽奶油	15g
無鹽奶油（摺疊用）	90g
防沾用高筋麵粉	適量

【裝飾】

喜歡的水果（草莓、柳橙、香蕉、覆盆子等）	適量
卡士達醬（請參照p.153）	適量
融化巧克力	適量
薄荷葉	適量

前置作業

● 摺疊用奶油用保鮮膜包夾好，擀成12cm的正方形，放入冷藏庫中，要用之前再取出，放軟備用。

● 揉入麵包麵團的奶油，先恢復成室溫回軟備用。

🍳 進行至摺疊奶油

1 請參照p.72的牛角麵包的步驟 **1~12**，揉好麵團後，再摺入摺疊用奶油。

🍳 整型

2 將麵團擀成比20×30cm稍大一點，切掉多餘的部分，擀成20×30cm的長方形。

3 將它分割成6等份，成為6片10cm的正方形。

4 從對角線對摺成三角形，如圖所示般，在距離邊端7~8mm的2個地方，切出切口。

5 打開麵團，將切口外側的麵團彼此交叉，放到對面側的邊角上。

> **POINT** 交叉的麵團如果從邊角脫落，會破壞外型，所以一定要確實放到邊角上。

🍳 最後發酵

6 將麵團放在鋪了烤焙紙的烤盤上，在25~27℃的環境下，讓它發酵60分鐘，約變成1.5倍的大小。▶請參照p.15的最後發酵

🍳 烘烤

7 在麵團的正中央放上鎮石，放入預熱至210℃的烤箱中，約烘烤15分鐘。

8 拿掉鎮石，裝飾上喜歡的水果和奶油醬等。

揉麵95分
▼
摺入奶油105分
▼
整型10分
▼
最後發酵60分
▼
烘烤15分

Total **285**分

 Tea time

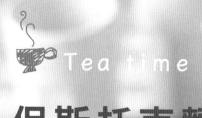

保斯托克麵包

它是甜味重、外觀漂亮的麵包。烤好的麵包
浸入紅茶糖漿中，再裝飾上杏仁鮮奶油及杏仁片即完成。

Total **165分**

揉麵15分
▼
第一次發酵60分
▼
分割·醒麵15分
▼
整型5分
▼
最後發酵40分
▼
烘烤30分

材料〔直徑8×H3cm的中空圈模4個份〕

高筋麵粉	100g
乾酵母	2g
砂糖	10g
鹽	1g
蛋汁	40g
鮮奶(請參照p.8)	18g
無鹽奶油	40g
【紅茶糖漿】	
紅茶茶葉	2g
砂糖	25g
熱水	50g
【杏仁鮮奶油】	
無鹽奶油	10g
白砂糖	10g
蛋汁	8g
杏仁粉	10g
低筋麵粉	4g
【裝飾】	
杏仁片	適量
糖粉	適量

前置作業

● 製作杏仁鮮奶油。
1 在攪拌盆中放入奶油·攪拌變細滑後·加入白砂糖混拌變得泛白為止。
2 加入蛋汁·混合直到變得細滑。
3 加入杏仁粉和低筋麵粉·用橡皮刮刀混合。
● 製作紅茶糖漿。
在攪拌盆中放入紅茶茶葉和熱水·泡出紅茶顏色後·加入砂糖使其溶化。放涼後·瀝除紅茶茶葉。
● 揉入麵包麵團的奶油·先恢復成室溫回軟備用。
● 在中空圈模中塗抹油脂(起酥油等)。放在鋪有烤焙紙的烤盤上備用。
● 準備4個鋁箔杯模(直徑8cm)

進行至第一次發酵

1 請參照p.26奶油捲的步驟1~11·揉好麵團後讓它進行第一次發酵60分鐘。因為奶油量很多·所以要分2次混入麵團中·第一次先加1/3量混勻後·再加剩餘的奶油再混勻。比奶油捲摔打的次數多·約摔打100~120次。

分割&醒麵

2 將麵團分割成4等份(各50~55g)·滾圓·排放在鋼盤等容器中·蓋上充分擰乾的濕抹布·讓它鬆弛約10分鐘。

整型

3 將麵團修整成圓形·捏緊接合口·接合口朝下放在揉麵檯上·輕輕將麵團按壓成直徑7~8cm的圓形·放入中空圈模中。

最後發酵

4 在30~32℃的環境下·讓麵團發酵40分鐘·約變成1.5~2倍不到的大小。發酵大致的標準是·麵團脹發高度約比模型高度矮5mm。
▶請參照p.15的最後發酵

烘烤

5 在4的上面放上烤焙紙和烤盤(請參照p.70的步驟7)·放入預熱至200℃的烤箱中·約烘烤15分鐘。

6 烤好後浸入紅茶糖漿中約1分鐘·再放入鋁箔杯模中。

7 塗上杏仁鮮奶油·裝飾上杏仁片。

8 放入預熱至200℃的烤箱約烤8分鐘即完成。完全放涼後再撒上糖粉。

Tea time

Total **127**分

揉麵10分
▼
第一次發酵50分
▼
分割·醒麵15分
▼
整型10分
▼
最後發酵30分
▼
烘烤12分

巧克力餅乾麵包

可可餅乾上，放有包了巧克力的可可麵包，再裹上巧克力。
這款麵包巧克力風味濃郁，即使涼了也很美味！

材料〔4個份〕

高筋麵粉	100g
乾酵母	2g
砂糖	10g
鹽	1g
脫脂奶粉	8g
可可粉（無糖）	3g
水（請參照p.8）	60g
無鹽奶油	20g
巧克力錠	20g
【餅乾麵團】	
低筋麵粉	30g
白砂糖	10g
無鹽奶油	10g
蛋汁	10g
可可粉（無糖）	2g
【裝飾】	
巧克力	50g

前置作業

● 請參照p.152製作可可餅乾麵團，放入冷藏庫中冷藏備用。
● 揉入麵包麵團的奶油，先恢復成室溫回軟備用

🧑‍🍳 進行至第一次發酵

1 請參照p.18小餐包的步驟**1~11**，揉好麵團後讓它第一次發酵。可可粉和粉類一起混入其中，麵團摔打50~60次約完成八成後，混入巧克力錠，在26~28℃的環境下，讓它發酵50分鐘。

POINT 以稍低的溫度進行第一次發酵，以免巧克力錠融化。

🧑‍🍳 分割＆醒麵

2 將麵團分割成4等份（各50~55g），滾圓，排放在鋼盤等容器中，蓋上充分擰乾的濕抹布，讓它鬆弛約10分鐘。

🧑‍🍳 整型

3 將餅乾麵團分割成4等份，用擀麵棍擀成直徑4~5cm的圓形，讓邊緣有點立起來，放在鋪有烤焙紙的烤盤上。

POINT 因為要放上麵包麵團，所以邊緣要讓它有些立起來備用。

4 將麵包麵團修整成圓形，捏緊接合口，接合口朝下，放到餅乾麵團上。

🧑‍🍳 最後發酵

5 在35~38℃的環境下，讓麵團發酵30分鐘，約變成1.5~2倍不到的大小。
▶請參照p.15的最後發酵

🧑‍🍳 烘烤

6 放入預熱至200℃的烤箱中，約烘烤12分鐘。

7 等麵包稍微變涼後，將表面浸入已隔水加熱融化的巧克力中，沾滿巧克力後取出，放涼變乾。

起司棒

加入起司的麵團切成條狀，塗上醬油或起司，
就成為小菜感覺的麵包，很適合用來配啤酒喲！

材料〔12根份〕

高筋麵粉	100g
乾酵母	2g
砂糖	2g
鹽	1g
水（請參照p.8）	63g
橄欖油	5g
起司粉	10g
【塗料】	
橄欖油	少量
起司粉	15g
醬油	適量
七味唐辛子	適量

前置作業

●塗料用橄欖油和起司粉混合備用。

🍳 揉麵

1 請參照p.18小餐包的步驟**1～9**揉麵。起司粉和
粉類一起加入，以橄欖油取代奶油。麵團比小餐
包的摔打次數少，約摔打40～50次，揉圓讓表面
緊繃。

🍳 醒麵

2 排放在鋼盤等容器中，蓋上充分擰乾的濕抹布，
讓它鬆弛約20分鐘。

🍳 整型

3 麵用擀麵棍擀成24×12
cm的長方形。

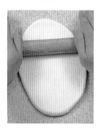

4 分切成2等份。前方的
麵團上均勻塗上混合好的
橄欖油和起司粉。

5 在步驟**4**中塗好起司的
麵團，用刮板分切成6等份
的條狀。

6 將步驟**5**每一條麵團扭
轉後，放在鋪了烤焙紙的
烤盤上。

 POINT 烘烤時麵團很容易
恢復原狀，所以要
扭緊一點。

7 將步驟**4**中另一片麵團也切成6等份的條狀，稍
微輕輕拉長，放在鋪了烤焙紙的烤盤上。

🍳 最後發酵

8 在35～38℃的環境下，讓麵團發酵30分鐘，約
變成1.5～2倍不到的大小。

▶請參照p.15的最後發酵

🍳 烘烤

9 用毛刷在步驟**7**的麵團上塗上醬油，視個人喜
好撒上七味唐辛子，放入預熱至200℃的烤箱中，
約烘烤10分鐘。

Total **73**分

揉麵8分
▼
醒麵20分
▼
整型5分
▼
最後發酵30分
▼
烘烤10分

揉麵5分
▼
第一次發酵40分
▼
分割·醒麵15分
▼
整型5分
▼
最後發酵30分
▼
烘烤25分

Total 120分

卡門貝爾裸麥麵包

這是用裸麥麵團包住整個卡門貝爾起司
烘烤成的麵包。搭配紅酒非常對味。

材料〔直徑15cm的圓形模1個份〕

高筋麵粉	135g
裸麥粉	15g
乾酵母	3g
鹽	2g
水（請參照p.8）	90g
橄欖油	15g
卡門貝爾起司	1個

前置作業

● 在模型中塗抹油脂（起酥油等）。
● 卡門貝爾起司呈放射狀切成6等份，放入冷藏庫中備用。

🍳 進行至第一次發酵

1 請參照p.50的裸麥麵包步驟1~9，麵團揉好後讓它第一次發酵。在步驟6中是加入橄欖油。

🍳 分割＆醒麵

2 將麵團分割成6等份（各40~45g），滾圓，放入鋼盤等容器中，蓋上充分擰乾的濕抹布，讓它鬆弛約10分鐘。

🍳 整型

3 將麵團修整成圓形，接合口朝上放置，用擀麵棍擀成直徑8cm的圓形，在正中央放入1個卡門貝爾起司。

4 用麵包麵團包好，充分捏緊接合口。剩餘的5個也同樣製作。

POINT 為避免起司噴出來，要徹底捏緊接合口。

5 麵團的接合口朝下，平均的放入模型中

🍳 最後發酵

6 在35~38℃的環境下，讓麵團發酵30分鐘，約變成1.5~2倍不到的大小。
▶請參照p.15的最後發酵

🍳 烘烤

7 放入預熱至220℃的烤箱中，約烘烤25分鐘。

瑪格麗特披薩

它是最基本款的披薩，餡料有番茄、莫札瑞拉起司和羅勒等，麵皮非常的柔軟、有嚼勁！

材料〔2片份〕

【種麵團】

高筋麵粉 …………………………… 50g

乾酵母 ………………………………… 2g

砂糖 …………………………………… 2g

水(請參照p.8) ……………………… 65g

【披薩麵團】

　　┌ 高筋麵粉 …………………… 20g

A │ 低筋麵粉 …………………… 30g

　　└ 鹽 …………………………… 2g

橄欖油 ………………………………… 3g

【番茄醬汁】

　　┌ 洋蔥 ……………………… 1/5個

B │ 胡蘿蔔 ……………… 2～3cm

　　│ 芹菜 ………………… 2～3cm

　　└ 大蒜 …………………… 1瓣

水煮番茄(罐頭) ………… 1罐(400g)

乾香草(羅勒、奧勒岡、月桂葉等) …適量

鹽、胡椒 ………………………… 各適量

橄欖油 ……………………………… 適量

【裝飾】

番茄 ………………………………… 1個

莫札瑞拉起司 …………………… 1個

羅勒葉 ………………… 10片 起司粉

…………………………………… 適量

前置作業

●製作番茄醬汁備用。

1 將B全部切碎。

2 在平底鍋中加熱橄欖油，炒香大蒜後，加入洋蔥、胡蘿蔔和芹菜，炒軟。

3 加入搗碎的水煮番茄燉煮一下，加鹽和胡椒調味。加入乾香草，約煮10分鐘。

🍳 進行至第一次發酵

1 在攪拌盆中加入種麵團所有的材料，用橡皮刮刀充分混合。

2 在另一個攪拌盆中放入A，加入**1**後，用刮刀將整體混拌成一團。

3 將麵團移至揉麵檯上，用刮板再繼續揉搓成一團，直到麵團產生彈性。加入披薩麵團的橄欖油，揉搓讓油混入麵團中。

4 抓住麵團的邊端，舉起後朝揉麵檯摔打(大致標準為100～110次)。若麵團的表面已變得細滑後，滾圓，放入攪拌盆中，蓋上保鮮膜。

5 在28～30℃的環境下，讓麵團發酵40分鐘，約變成2倍的大小。▶請參照p.11的第一次發酵

🍳 分割＆醒麵

6 將麵團分割成2等份(各80～85g)，滾圓，排放在鋼盤等容器中，蓋上充分擰乾的濕抹布，讓它鬆弛約10分鐘。

🍳 整型

7 用擀麵棍將麵團擀成直徑18cm的圓形，放在鋪了烤焙紙的烤盤上。

🍳 最後發酵

8 在35～38℃的環境下，讓麵團發酵30分鐘，約變成1.5～2倍不到的大小。
▶請參照p.15的最後發酵

🍳 烘烤

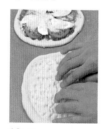

9 用手指腹按壓麵團表面，塗上番茄醬汁後，放入切薄片的番茄和莫札瑞拉起司，再撒上起司粉。

 POINT 用手指按壓，以免麵團膨脹

10 放入預熱至220℃的烤箱中，約烘烤13分鐘，烤好後再裝飾上羅勒葉。

揉麵15分
▼
第一次發酵40分
▼
分割·醒麵15分
▼
整型5分
▼
最後發酵30分
▼
烘烤13分

Total 118分

Dinner

Total **160**分

揉麵5分
▼
第一次發酵75分
▼
分割·醒麵25分
▼
整型10分
▼
最後發酵30分
▼
烘烤15分

法國蘑菇麵包

以法國麵包麵團烘烤的蘑菇麵包（champignon），顧名思義它的外型像個蘑菇。
它也可以挖空裡面，盛入濃湯來享用。

材料〔6個份〕

高筋麵粉	200g
乾酵母	2g
鹽	3g
水 (請參照p.8)	132g
防沾用高筋麵粉	適量

【裝飾】
高筋麵粉 ……………… 適量

🍳 進行至第一次發酵

1 請參照p.42紡錘麵包的步驟**1~12**，麵團揉好後讓它第一次發酵。

🍳 分割 & 醒麵

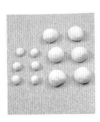

2 準備蓋子用的麵團6個，每個10g，主體用的麵團6個，每個40g，滾圓，排放在鋼盤等容器中，蓋上充分擰乾的濕抹布，讓它鬆弛約20分鐘。

🍳 整型

3 將主體用的麵團（40g）修整成圓形。

4 在揉麵檯上撒上防沾粉，用擀麵棍將蓋子用麵團（10g）擀成直徑4~5cm的圓形。

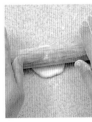

5 在蓋子用麵團的單面，撒上裝飾用高筋麵粉，將沾有麵粉的那面疊到主體麵團上，用手指按入中心直到主體麵團的底部。

 POINT 要按壓到主體和蓋子不會分離才行。

🍳 最後發酵

6 蓋子麵團朝下，排放到摺有縐褶的帆布上，在32~34℃的環境下，讓麵團發酵30分鐘，約變成2倍不到的大小。

▶請參照p.15的最後發酵

 POINT 為了使蓋子變成平的，蓋子要放在下面。

🍳 烘烤

7 在烤箱中放入烤盤，預熱至220℃。趁預熱期間，讓麵團接合口朝下排放在烤焙紙上，在麵團表面噴水。

8 將放有麵團的烤焙紙，如同滑入般的放入已烤熱的烤盤中，再放入預熱至220℃的烤箱中，約烘烤15分鐘。

果醬 & 奶油醬

以下將介紹能使手工麵包吃起來更美味，而且耐保存的7種果醬和奶油醬。不論是硬麵包類，
或是較豪華的麵包等，都能視個人喜好任意搭配。

香草和鮮奶揉合成的豪華美味
香草鮮奶果醬

材料（容易製作的份量）
鮮奶 100g、鮮奶油 100g、白砂糖 100g、
香草莢 1/2根

前置作業
●將香草莢中的種子從莢中刮出備用。

作法
1 在琺瑯鍋中放入鮮奶、鮮奶油、白砂糖和香草莢，以小火加熱，熬煮一下，注意不要煮焦了。
2 煮到變濃稠，水分已收乾一半後即熄。
※放冷後會變得更硬一些，所以重點是完成時要稀一點。

以果汁來調整苦味與甜味的果醬
葡萄柚果醬

材料（容易製作的份量）
葡萄柚淨重200g（約1個份）、白砂糖
100g、檸檬汁 1/2個份

前置作業
●葡萄柚去皮，取果肉備用。

作法
1 在琺瑯鍋中放入葡萄柚和白砂糖，放置20~30分鐘備用。
2 等葡萄柚出水後，開小火加熱，一面撈除浮沫，一面熬煮20分鐘，注意別煮焦了。
3 煮到變得濃稠，水分已收乾一半後即熄火，加入檸檬汁。

如起司般的濃郁優格！
藍莓果醬和馬斯卡邦風味優格

材料（容易製作的份量）
藍莓 200g、白砂糖 100g、檸檬汁 1/2個
份、原味優格200g

前置作業
●在放了濾紙的濾杯中放入優格，放在杯子等容器上，蓋上保鮮膜，放入冷藏庫一晚備用。
●藍莓洗淨後，瀝乾水分備用。

作法
1 在琺瑯鍋中放入藍莓和白砂糖，靜置20~30分鐘備用。
2 等藍莓出水後，開小火加熱，一面撈除浮沫，一面熬煮20分鐘，注意別煮焦了。
3 煮到變得濃稠，水分已收乾一半後即熄火，再加入檸檬汁。
4 再靜置一晚，已瀝除水分的優格中加入3。

以辣椒粉調整辣度

🧑‍🍳 香料辣豆醬

材料（容易製作的份量）
水煮大豆罐頭 1罐（120g）、水煮番茄罐頭 1
罐（400g）、綜合絞肉 100g、洋蔥（切碎）
1/2個份、大蒜（切碎）1瓣份、紅辣椒 2根、
肉桂葉 1片、香料（奧勒岡、辣椒粉、肉荳蔻
等）適量、高湯塊 2個、鹽、胡椒 各少量、奶
油 1大匙、醬油 1/2小匙、橄欖油 適量

作法
1 在已加熱橄欖油的鍋中放入綜合絞肉，迅
速拌炒一下，撒上鹽和胡椒盛出備用。
2 在1的鍋中加熱橄欖油和大蒜，等散發香味
後加入洋蔥，炒透。
3 加入紅辣椒和大豆拌炒，加入水煮番茄、
肉桂葉和高湯塊熬煮。
4 加入喜歡的香料，倒回1的絞肉，以中火煮
15~20分鐘。用鹽和胡椒調味，加入奶油和
醬油混合。

美奶滋和溫潤的酪梨非常對味

🧑‍🍳 酪梨美奶滋

材料（容易製作的份量）
酪梨 15g、美奶滋 120g、辣根（或洋蔥）切
碎 不到1小匙、檸檬汁 適量

作法
1 將酪梨切成一口大小，淋上檸檬汁備用。
2 在攪拌盆中加入美奶滋和辣根充分混合，
加入1，再充分混勻。

能作為各種麵包的餡料！

🧑‍🍳 起司奶油醬

材料（容易製作的份量）
奶油乳酪 80g、白砂糖 20g、白葡萄酒 少
量、檸檬汁 少量
前置作業
●奶油乳酪先恢復成室溫回軟備用。

作法
1 在攪拌盆中放入奶油乳酪，用橡皮刮刀混
拌變軟。
2 加入白砂糖、白葡萄酒和檸檬汁，充分混合
均勻。
※孩子或不擅酒的人，也可以不加白葡萄
酒。

顏色鮮豔，適合夾入三明治

🧑‍🍳 毛豆醬

材料（容易製作的份量）
毛豆（原味）100g、高湯塊 1個、鮮奶油
20g、水 100g、鹽、胡椒 各適量
前置作業
●將毛豆從莢中取出備用。

作法
1 在鍋中放入水、毛豆和高湯塊，煮到毛豆變
軟為止。
2 瀝乾水分放入盆中，趁熱碾碎成膏狀。
3 加入鮮奶油混合，加鹽和胡椒調味。
※用網篩過濾後，口感會變得更好。

CHAPTER 3

希望傳遞的美味！

12個月的
季節麵包禮物

情人節、聖誕節、秋日豐收的櫻花祭……。以下將介紹以節慶和
季節食材為主題的12個月的麵包！ 它們都是作為禮物也十分
討喜的漂亮麵包。

揉麵10分
▼
第一次發酵40分
▼
分割·醒麵15分
▼
整型10分
▼
最後發酵30分
▼
烘烤10分

Total **115分**

January 1月

草莓白雪大福麵包

用加入糯米粉的白麵包，包入紅豆餡和草莓，如大福甜點般的麵包。
新年到各處拜年時，很適合作為拌手禮呢。

材料〔6個份〕

高筋麵粉	120g
糯米粉	30g
乾酵母	3g
砂糖	3g
塩	2g
水 (請參照p.8)	99g
起酥油	15g

【內餡】

紅豆沙 (市售)	180g
草莓	6個

【裝飾】

糯米粉	適量

進行至第一次發酵

1 請參照p.18小餐包的步驟**1~11**，揉好麵團後讓它第一次發酵。糯米粉和粉類一起加入，使用起酥油來取代奶油。

分割 & 醒麵

2 將麵團分割成6等份 (各40~45g)，滾圓，排放在鋼盤等容器中，蓋上充分擰乾的濕抹布，讓它鬆弛約10分鐘。

整型

3 將紅豆沙分成6等份 (各30g)，滾圓，每等份包住1顆已去蒂的草莓。

4 將麵團修整成圓形，接合口朝上，在正中央弄出凹陷，包入已包好草莓的紅豆餡。用麵團包好後，徹底捏緊接合口。

5 在麵團表面沾上糯米粉。

最後發酵

6 麵團接合口朝下，排放在鋪了烤焙紙的烤盤上，在35~38℃的環境下，讓麵團發酵30分鐘，約變成2倍不到的大小。
▶請參照p.15的最後發酵

烘烤

7 放入預熱至180℃的烤箱中，約烘烤10分鐘。

 POINT 以低溫烘烤，不要烤出焦色。

巧克力甜心麵包

可可麵團烘烤成心形。這是情人節時，
適合作為贈禮的可愛巧克力麵包。

Total 115分

揉麵10分

第一次發酵40分

分割·醒麵15分

整型5分

最後發酵30分

烘烤15分

February
2月

材料

〔6.5×5.5×H4cm的心形中空圍模4個份〕

高筋麵粉	100g
乾酵母	2g
砂糖	10g
鹽	1g
脫脂奶粉	8g
可可粉(無糖)	4g
水(請參照p.8)	60g
無鹽奶油	20g
【巧克力醬】	
巧克力	10g
鮮奶	125g
蛋黃	1個份
白砂糖	30g
低筋麵粉	20g
可可粉(無糖)	3g

前置作業

● 揉入麵包麵團的奶油，先恢復成室溫回軟備用。

● 在模型中塗抹油脂(起酥油等)，排放在鋪有烤焙紙的烤箱上備用。

● 請參照p.153的卡士達醬，製作巧克力醬備用。

🍞 進行至第一次發酵

1 請參照p.18小餐包的步驟**1~11**，揉好麵團後讓它第一次發酵。可可粉和粉類一起加入，麵團摔打次數比小餐包稍多，約70~80次。

🍞 分割&醒麵

2 將麵團分割成4等份(各45~50g)，滾圓，排放在鋼盤等容器中，蓋上充分擰乾的濕抹布，讓它鬆弛約10分鐘。

🍞 整型

3 將麵團整成圓形，用手指充分捏緊接合口。

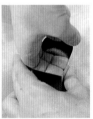

4 麵團的接合口朝下，放入模型中，從上面按壓，讓麵團塞滿模型的邊角。

POINT 模型邊角都要完全塞滿麵團，這樣才能烤出完整、漂亮的心形麵包。

🍞 最後發酵

5 在35~38℃的環境下，讓麵團發酵30分鐘，約變成1.5~2倍不到的大小。發酵大致的標準是，麵團脹發高度約比模型高度矮5mm。

▶請參照p.15最後發酵

🍞 烘烤

6 在5的上面蓋上烤焙紙，上面放上烤盤(請參照p.70的步驟**7**)。

7 放入預熱至200℃的烤箱中，約烘烤15分鐘。

8 烤好後取出在涼架上放涼，涼了之後，從背面的正中央挖個1cm左右的小洞，用擠花袋擠入巧克力醬。

POINT 巧克力醬不要擠得太多，否則麵包會變形，這點需注意。

草莓鮮奶麵包

在加入新鮮草莓的麵包麵團中，再混入自製的草莓乾。
酸甜風味的草莓麵包，洋溢著早春的怡人芳香。

材料〔直徑8×23cm的磅蛋糕模型1個份〕

高筋麵粉	200g
乾酵母	4g
砂糖	20g
鹽	3g
脫脂奶粉	16g
鮮奶 (請參照p.8)	92g
無鹽奶油	20g
草莓	40g
草莓乾 (請參照前置作業)	30g

前置作業

● 製作草莓乾備用。

1 將2/3盒的草莓去蒂，每顆分切成4～8等份，切口朝下放在烤焙紙上。

2 放入150℃的烤箱中約烤30分鐘。

● 揉入麵包麵團的奶油，先恢復成室溫回軟備用。
● 將草莓壓碎成糊狀。
● 在模型中塗抹油脂 (起酥油等)。

🍞 進行至第一次發酵

1 請參照p.18小餐包的步驟1～11，揉好麵團後讓它第一次發酵。用草莓糊取代水，和鮮奶一起加入，麵團摔打50～60次，揉麵約完成八成後，再加入草莓混合。

🍞 分割 & 醒麵

2 不要將麵團分割。滾圓，排放在鋼盤等容器中，蓋上充分擰乾的濕抹布，讓它鬆弛約10分鐘。

🍞 整型

3 麵團的接合口朝上，放在揉麵檯上，擀成20×23cm的長方形。

 麵團長度若不足模型的長度，烤出的麵包會缺角，無法呈現漂亮的圓柱形。

4 從前方開始捲包麵團，捲緊別讓空氣進去。

5 捲好後徹底黏合接合口，接合口朝下放入模型中。

🍞 最後發酵

6 在模型蓋打開的狀態下，在35～38℃的環境下，讓麵團發酵30分鐘，約變成1.5～2倍不到的大小。發酵大致的標準是，麵團脹發高度約比模型高度高出3cm。▶請參照p.15的最後發酵

🍞 烘烤

7 將高出的麵團輕輕的往內側壓，蓋上模型蓋，放入預熱至200℃的烤箱中，約烘烤30分鐘。

揉麵10分
▼
第一次發酵40分
▼
分割·醒麵10分
▼
整型5分
▼
最後發酵30分
▼
烘烤30分

Total 125分

March 3月

揉麵10分
▼
第一次發酵50分
▼
分割·醒麵15分
▼
整型10分
▼
最後發酵30分
▼
烘烤13分

Total **128分**

April 4月

櫻花紅豆麵包

紅豆麵包上裝飾著洋溢春天風情的鹽漬櫻花。
風味高雅的紅豆麵包,最適合作為茶點。

材料〔5個份〕

高筋麵粉	150g
乾酵母	3g
砂糖	6g
鹽	2g
脫脂奶粉	9g
蛋汁	15g
水(請參照p.8)	80g
無鹽奶油	15g
【餡料】	
紅豆沙	250g
【裝飾】	
鹽漬櫻花	5個
蛋汁	適量

前置作業

● 揉入麵包麵團的奶油,先恢復成室溫回軟備用。
● 鹽漬櫻花先泡水,去除多餘的鹽分以備用。

🧑‍🍳 進行至第一次發酵

1 請參照p.26麵包捲的步驟1~11,揉好麵團後讓它第一次發酵。

🧑‍🍳 分割&醒麵

2 麵團分割成5等份(各50~55g),滾圓,排放在鋼盤等容器中,蓋上充分擰乾的濕抹布,讓它鬆弛約10分鐘。

🧑‍🍳 整型

3 將紅豆餡分成5等份(各50g),揉圓。

4 將麵團修整成圓形,接合口朝上,在中央壓個凹槽,放上紅豆餡,將周圍的麵團往上聚攏捏緊。

POINT 麵團膨脹時,為了不讓紅豆餡從麵團中露出,紅豆餡要緊實的包在正中央。

5 麵團的接合口朝下,放在鋪了烤焙紙的烤盤上,用手掌輕輕壓平。

6 在麵團的正中央壓個小凹洞,將鹽漬櫻花壓入其中。

POINT 為了避免在正中央形成空洞,鹽漬櫻花要徹底壓入麵團的正中央。

🧑‍🍳 最後發酵

7 在35~38℃的環境下,讓麵團發酵30分鐘,約變成1.5~2倍不到的大小。
▶請參照p.15的最後發酵

🧑‍🍳 烘烤

8 用毛刷在麵團表面塗上蛋汁,放入預熱至200℃的烤箱中,約烘烤13分鐘。

May 5月

材料〔4個份〕

高筋麵粉	150g
乾酵母	3g
砂糖	3g
鹽	2g
玫瑰果 (粉末)	3g
水 (請參照p.8)	50g
優格	55g
無鹽奶油	15g
蜜漬橙皮 (切碎)	適量
白巧克力錠	適量

前置作業

●揉入麵包麵團的奶油，先恢復成室溫回軟備用。

●準備4個鋁箔杯模 (直徑8cm)

🍳 進行至第一次發酵

1 請參照p.18小餐包的步驟 **1～11**，揉好麵團後讓它第一次發酵。玫瑰果和粉類一起加入，優格和水一起加入。

🍳 分割&醒麵

2 將麵團分割成8等份 (各30～35g)，滾圓，排放在鋼盤等容器中，蓋上充分擰乾的濕抹布，讓它鬆弛約10分鐘。

🍳 整型

3 接合口朝上放置，用擀麵棍擀成直徑7～8cm的圓形。

 POINT 將麵團擀成相同大小的圓形，才能做出相同尺寸的漂亮花瓣

4 在整個麵團上塗上蜜漬橙皮的湯汁，在正中央放上橙皮和白巧克力錠。其他7片麵團也進行同樣的作業。

 POINT 蜜漬橙皮的湯汁可作為黏著劑。

5 將1片麵團從面前開始輕輕的捲起來。

6 將 **5** 捲好的麵團接合口朝下，放在另1片麵團上，也是從面前開始捲包。之後，同樣的作業再進行2次。

7 剩餘的4片麵團，也依照步驟 **5～6** 的作業，同樣的捲包起來。

8 從正中央將捲好的麵團切成2等份，切口朝下放入置於烤盤中的鋁箔杯模中，再修整型狀。

🍳 最後發酵

9 在35～38℃的環境下，讓麵團發酵30分鐘，約變成1.5～2倍不到的大小。
▶請參照p.15的**最後發酵**

🍳 烘烤

10 放入預熱至180℃的烤箱中，約烘烤12分鐘。

玫瑰麵包

將加入玫瑰果的麵包麵團，
一片片的捲包起來，讓外觀變得像玫瑰花一般。
橙皮和白巧克力成為重點風味。
也可以作為母親節的禮物喲。

Total 117分

揉麵10分

第一次發酵40分

分割‧醒麵15分

整型10分

最後發酵30分

烘烤12分

119

揉麵10分
▼
第一次發酵50分
▼
分割·醒麵15分
▼
整型5分
▼
最後發酵30分
▼
烘烤20分

Total **130分**

June 6月

沙瓦蘭麵包

吸入大量的蘭姆糖漿，它是大人口味的麵包。
適合給愛酒的父親享用。

材料
〔直徑8cm×H3cm的中空圈模5個份〕

高筋麵粉	150g
乾酵母	3g
砂糖	15g
鹽	2g
脫脂奶粉	12g
杏仁粉	15g
蛋汁	15g
水(請參照p.8)	75g
無鹽奶油	30g
葡萄乾	30g
蜜漬橙皮(切碎)	30g
【蘭姆糖漿】	
蘭姆酒	15g
砂糖	45g
水	75g

前置作業

● 揉入麵包麵團的奶油，先恢復成室溫回軟備用。
● 葡萄乾用熱水浸泡回軟，充分瀝乾水分備用。
● 準備5個鋁箔杯模(直徑8cm)
● 在模型中塗抹油脂(起酥油等)。
● 製作蘭姆糖漿備用。
1 在鍋裡放入水和砂糖，開火加熱，煮沸後熄火。
2 放涼後加入蘭姆酒混勻。

🧑‍🍳 進行至第一次發酵

1 請參照p.26麵包捲的步驟**1～11**，揉好麵團後讓它第一次發酵。杏仁粉和粉類一起加入，葡萄乾和橙皮乾在麵團摔打60～70次，約揉麵完成八成時再加入混合。

🧑‍🍳 分割&醒麵

2 將麵團分割成5等份(各60～65g)，滾圓，排放在鋼盤等容器中，蓋上充分擰乾的濕布，讓它鬆弛約10分鐘。

🧑‍🍳 整型

3 將麵團修整成圓形，捏緊接合口，用手掌從上往下壓平。

4 中空圈模放在鋪了焙焙紙的烤盤上，將麵團放入模型中，從上按壓讓麵團變平。

🧑‍🍳 最後發酵

5 在35～38℃的環境下，讓麵團發酵30分鐘，約變成1.5～2倍不到的大小。發酵大致的標準是，麵團脹發高度約比模型高度高出1cm。
▶請參照p.15的最後發酵

🧑‍🍳 烘烤

6 放入預熱至190℃的烤箱中，約烘烤15分鐘。

7 烤好後，將整個麵包浸入蘭姆糖漿中，再放入鋁箔紙杯中。

POINT 為了讓蘭姆糖漿充分滲入麵包中，麵包要泡入糖漿中約1分鐘。

July 7月

Total **117分**

揉麵10分
▼
第一次發酵40分
▼
分割-醒麵15分
▼
整型10分
▼
最後發酵30分
▼
烘烤12分

小番茄麵包

加入新鮮番茄的麵包麵團中，還包入自製的番茄乾和起司，
這是大量使用夏季蔬菜番茄，烤成番茄形狀的麵包。

材料〔直徑6.5cm的布里歐許模型6個份〕

高筋麵粉	100g
乾酵母	2g
砂糖	2g
鹽	1g
起司粉	10g
番茄	30g
水（請參照p.8）	40g
橄欖油	5g
【餡料】	
小番茄	18g
加工起司	30g

前置作業

● 製作番茄乾備用。

1 小番茄去蒂，每顆分切成4等份，切口朝上放在烤焙紙上。

2 放入150℃的烤箱中約烤30分鐘。約烤到七～八成乾的程度。

 POINT 將番茄乾冷凍或用橄欖油醃漬，可以保存2～3個月。

● 將番茄切成1cm的小丁，瀝除水份備用。
● 將加工起司切成1cm的小丁備用。
● 在模型中塗抹油脂（起酥油等）。

☞ 進行至第一次發酵

1 請參照p.18小餐包的步驟**1~11**，揉好麵團後讓它第一次發酵。起司粉和粉類一起加入，番茄和水一起混入。加入橄欖油以取代奶油。

☞ 分割 & 醒麵

2 將麵團分割成6等份（各30g），滾圓，排放在鋼盤等容器中，蓋上充分擰乾的濕抹布，讓它鬆弛約10分鐘。

☞ 整型

3 將麵團的正中央壓凹，放上番茄乾和加工起司，用周圍的麵團包裹起來，捏緊接合口。

 POINT 餡料要放在中央。

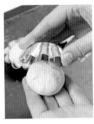

4 麵團接合口朝上，蓋上布里歐許模型後，直接上下顛倒把麵團放入模型中。

☞ 最後發酵

5 在35～38℃的環境下，讓麵團發酵30分鐘，約變成1.5～2倍不到的大小。
▶請參照p.15的最後發酵

☞ 烘烤

6 用廚房專用剪在麵團上，剪出蒂狀的切口。

7 放入預熱至180℃的烤箱中，約烘烤12分鐘。

毛豆玉米雙色麵包

麵團中分別混入毛豆和玉米。
麵包口感非常柔軟，諧和的綠與黃色調。季節美味、風味滿點！

材料〔18×7×H5.5cm的磅蛋糕模1個份〕

【毛豆麵團】

高筋麵粉	75g
乾酵母	2g
砂糖	3g
鹽	1g
毛豆(原味)	30g
鮮奶(請參照p.8)	51g
無鹽奶油	9g

【玉米麵團】

高筋麵粉	75g
乾酵母	2g
砂糖	6g
鹽	1g
玉米粒	20g
鮮奶(請參照p.8)	45g
無鹽奶油	9g

前置作業

● 揉入麵包麵團的奶油，先恢復成室溫回軟備用。
● 毛豆用沸水煮軟後取出，碾碎成泥狀。
● 玉米蒸過後，剁碎玉米粒備用。
● 在模型中塗抹油脂(起酥油等)。

☞ 進行至第一次發酵

1 請參照p.18小餐包的步驟**1~11**，將毛豆麵團和玉米麵團分別揉好後，讓它第一次發酵。毛豆泥、玉米是和取代水的鮮奶一起加入。

☞ 分割 & 醒麵

2 將毛豆麵團、玉米麵團分別分割成3等份(各40~45g)，滾圓，排放在鋼盤等容器中，蓋上充分擰乾的濕抹布，讓它鬆弛約10分鐘。

☞ 整型

3 將毛豆麵團和玉米麵團修整成圓形，捏緊接合口。

4 接合口朝下，將毛豆麵團和玉米麵團貼合。

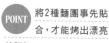

POINT 將2種麵團事先貼合，才能烤出漂亮的麵包。

5 接合口朝下放入模型中。麵團先放入兩側，最後再放入正中央，顏色相互交錯(請參照圖片)。

☞ 最後發酵

6 在35~38℃的環境下，讓麵團發酵30分鐘，約變成1.5~2倍不到的大小。發酵大致的標準是，麵團脹發高度約比模型高度高出1cm。
▶請參照p.15的最後發酵

☞ 烘烤

7 放入預熱至200℃的烤箱中，約烘烤20分鐘。

August

Total 130分

揉麵20分
▼
第一次發酵40分
▼
分割·醒麵15分
▼
整型5分
▼
最後發酵30分
▼
烘烤20分

揉麵15分
▼
第一次發酵75分
▼
分割·醒麵15分
▼
整型10分
▼
最後發酵30分
▼
烘烤20分

Total **165**分

September

9月

紅薯黑芝麻麵包

這是用白麵團和黑芝麻麵團雙層麵團捲包烘烤而成。
黑芝麻的香味和鬆軟的紅薯甜味，充滿了魅力。

材料〔2個份〕

高筋麵粉	120g
全麥麵粉	30g
乾酵母	3g
鹽	2g
水 (請參照p.8)	99g
黑芝麻	15g

【餡料】
烤紅薯 (請參照事前準備) ……… 60g

前置作業

● 製作烤紅薯
1 用鋁箔紙包住紅薯，放入200℃的烤箱中烤60分鐘 (依紅薯不同的大小，烘烤的時間也不同)。
2 放涼後切成0.5~1cm的小丁。

🥐 進行至第一次發酵

1 請參照p.42紡錘麵包的步驟**1~12**，麵團揉好後讓它第一次發酵。全麥麵粉和粉類一起混入，摔打40~50次，共分成2等份。其中的一份麵團中混入黑芝麻。

🥐 分割 & 醒麵

2 將白麵團分割成80g和45g，芝麻麵團分割成90g、50g，滾圓，放入鋼盤等容器中，蓋上充分擰乾的濕抹布，讓它鬆弛約10分鐘。

🥐 整型

3 將45g的白麵團接合口朝上放置，用手掌輕輕按壓成直徑10~12cm的圓形，平均的放上切丁的紅薯。

4 從面前開始捲包，捲好後捏緊接合口。

 POINT 捲入空氣的話，烘烤後麵包會變形，所以注意不要捲入空氣。

5 將90g的芝麻麵團接合口朝上放置，用手掌輕輕按壓成直徑12~15cm的圓形。

6 放上紅薯，再將4接合口朝上放上去，用下面的麵團捲包，捲好後捏緊接合口，再調整型狀。

 POINT 將麵團的厚度要按壓平均，才能漂亮的捲包成兩層。

7 白麵團和芝麻麵團裡外對調，再進行一次步驟**3~6**的作業。

🥐 最後發酵

8 麵團接合口朝下，並排放到帆布上，在32~34℃的環境下，讓麵團發酵30分鐘，約變成1.5倍的大小。▶請參照p.15的最後發酵

🥐 烘烤

9 讓麵團的接合口朝下，排放在鋪有烤焙紙的烤盤上，在麵團表面斜向畫出4條深的切口，深到能看到下面的麵團。

10 在麵團表面噴水，放入預熱至220℃的烤箱中，約烘烤20分鐘。

甜栗麵包

這是洋溢栗子風味的豪華鮮奶油麵包。
也可以使用市售的栗子泥,
但用新鮮栗子製作,風味更佳。

揉麵10分
▼
第一次發酵50分
▼
分割‧醒麵15分
▼
整型10分
▼
最後發酵30分
▼
烘烤13分

Total **128分**

材料〔4個份〕

高筋麵粉 …………………… 150g
乾酵母 ………………………… 3g
鹽 …………………………… 2g
砂糖 ………………………… 6g
脫脂奶粉 …………………… 12g
蛋汁 ………………………… 15g
水(請參照p.8) …………… 78g
無鹽奶油 …………………… 15g

【栗子醬】
　栗子泥(請參照前置作業) …… 60g
　鮮奶 …………………… 125g
　蛋黃 ………………… 1個份
　白砂糖 ………………… 30g
　低筋麵粉 ……………… 20g

【裝飾】
　甘露煮栗 ………………… 4個
　蛋汁 ……………………… 適量

前置作業

● 製作栗子泥。
1 將栗子(100g)放入沸水中煮10分鐘,去殼和
澀皮,再放入鹽水60分鐘。
2 將栗子放入鍋中水煮,中途換水2次。
3 等到稍微涼了之後,碾成泥狀。

● 請參照p.153製作栗子醬。
● 揉入麵包麵團的奶油,先恢復成室溫回軟
備用。
● 甘露煮栗瀝乾水分後備用。
● 準備4個鋁箔杯模(直徑8cm)。

進行至第一次發酵

1 請參照p.26奶油捲的步驟1~11,揉好麵團後讓
它第一次發酵。

分割&醒麵

2 麵團分割成4等份(各60~65g),滾圓,排放在
鋼盤等容器中,蓋上充分擰乾的濕抹布,讓它鬆弛
約10分鐘。

整型

3 接合口朝上放置,用擀麵棍擀成直徑12~15cm
的圓形(正中央不要擀,讓它保留厚度)。

4 在麵團的正中央放上
栗子醬(50g),用周圍的
麵團包起來。

POINT 為了避免麵團破裂,鮮奶油一定要放在正中央。

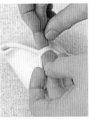

5 捏緊接合口,接合口朝
下放入鋁箔杯模中。

POINT 為了避免麵團破裂,麵團的接合口一定要充分捏緊。

6 用手掌將麵團輕輕壓
平,正中央壓出一個凹洞,
放上甘露煮栗。

最後發酵

7 在35~38℃的環境下,讓麵團發酵30分鐘,約
變成1.5~2倍不到的大小。
▶請參照p.15的最後發酵

烘烤

8 用毛刷在麵團表面刷上蛋汁,放入預熱至
200℃的烤箱中,約烘烤13分鐘。

材料〔直徑15×H3.5cm的塔模型1個份〕

高筋麵粉	100g
乾酵母	2g
砂糖	10g
鹽	1g
蛋汁	40g
鮮奶（請參照p.8）	18g
無鹽奶油	40g

【蜜煮蘋果】

蘋果	1個
白砂糖	30g
檸檬汁	1/4個
肉桂粉	少量

【卡士達醬】

鮮奶	125g
蛋黃	1個份
白砂糖	30g
低筋麵粉	20g
香草莢	2cm

【裝飾】

蛋汁	適量

前置作業

●請參照p.153製作卡士達醬。
●製作蜜煮蘋果。
1 將蘋果切成扇形，剔除果核，去皮，放入鍋中，加入白砂糖和檸檬汁，以中火熬煮到蘋果變軟，湯汁收乾為止。
2 視個人喜好撒上肉桂粉。

●揉入麵包麵團的奶油，先恢復成室溫回軟備用。
●在模型中塗抹油脂（起酥油等）。

🍳 進行至第一次發酵

1 請參照p.26麵包捲的步驟**1~11**，揉好麵團後，讓它第一次發酵60分鐘。因為奶油量很多，所以要分2次混入麵團中，第一次先加1/3的量混勻後，再加剩餘的奶油再混勻。摔打次數比奶油捲多，約摔打100~120次。

🍳 分割 & 醒麵

2 麵團分割成150g和50g兩份，擀成厚1cm的板狀，用保鮮膜包好，放入冷藏庫中讓它鬆弛1個小時。

> **POINT** 因為麵團中放入大量奶油，整型時為了避免麵團坍塌，要放入冷藏庫中讓它鬆弛。

🍳 整型

3 以擀麵棍將150g的麵團擀成直徑20~25cm的圓形，鋪入塔模型中。

4 放入卡士達醬和蜜煮蘋果。

5 用擀麵棍將50g的麵團擀成8×20cm的長方形，從8cm的邊分切成6等份，在模型上編成格子狀。

> **POINT** 將長條麵團上下交錯重疊，就能編出漂亮的格子花樣。

6 切掉從模型邊突出的麵團，將格子麵團和底座麵團的邊端，往內側翻摺1次，形成塔的邊框。

🍳 最後發酵

7 在30~32℃的環境下，讓麵團發酵40分鐘，約變成1.5~2倍不到的大小。
▶請參照p.15的最後發酵

🍳 烘烤

8 用毛刷在麵團表面塗上蛋汁，放入預熱至200℃的烤箱中，約烘烤25分鐘。

揉麵15分
▼
第一次發酵60分
▼
分割·醒麵65分
▼
整型10分
▼
最後發酵40分
▼
烘烤25分

Total **215**分

蘋果奶油麵包

這是加入蜜煮蘋果和卡士達醬的蘋果派風格的麵包。
上下交錯編織的格子花紋非常美麗。

揉麵10分
▼
第一次發酵60分
▼
分割·醒麵15分
▼
整型5分
▼
最後發酵40分
▼
烘烤20分

Total **150**分

水果麵包

這是放入大量水果乾和堅果的
德國聖誕麵包。若充分撒上糖粉，
在常溫下約可保存1週的時間。

材料〔2個份〕

高筋麵粉	150g
乾酵母	3g
砂糖	24g
鹽	2g
A ┌ 杏仁粉	15g
│ 肉桂粉	3g
└ 肉荳蔻粉	2g
蛋汁	15g
鮮奶 (請參照p.8)	69g
無鹽奶油	45g
B ┌ 蘭姆葡萄乾	30g
│ 蜜漬橙皮(切碎)	15g
└ 核桃	30g

【裝飾】

蘭姆酒	適量
融化的奶油液	30g
糖粉	100g

前置作業

● 核桃用烤箱以低溫(150℃)約烤20分鐘。
● 揉入麵包麵團的奶油，先恢復成室溫回軟
備用。

🧑‍🍳 進行至第一次發酵

1 請參照p.26奶油捲的步驟1~11，揉好麵團後讓
它進行第一次發酵60分鐘。A是和粉類一起加入，
因為奶油量很多，所以要分2次混入麵團中，第一
次先加1/3的量混勻後，再加剩餘的奶油再混勻。
摔打40~50次。揉麵約完成八成後，再混入B。

🧑‍🍳 分割&醒麵

2 將麵團分割成2等份(各190~195g)，滾圓，排
放在鋼盤等容器中，蓋上充分擰乾的濕抹布，讓它
鬆弛約10分鐘。

🧑‍🍳 整型

3 接合口朝上放置，用擀
麵棍擀成直徑20cm的圓
形。

4 將正中央壓薄，麵團對
摺。

🧑‍🍳 最後發酵

5 將麵團放在鋪了烤焙紙的烤盤上，在30~32℃
的環境下，讓麵團發酵40分鐘，約變成1.5~2倍
不到的大小。 ▶請參照p.15的最後發酵

🧑‍🍳 烘烤

6 從上按壓整個麵團後，
放入預熱至200℃的烤箱
中，約烘烤20分鐘。

POINT 從上往下按壓，能
避免烤出的麵包變
得鬆軟。

7 烤好後在整個麵包塗上
蘭姆酒，再塗上融化的奶
油液，讓它滲入麵包中。

8 在麵包上沾滿糖粉，放
涼後，再沾一次糖粉，用
保鮮膜包好，在常溫下放
置一晚。

POINT 為了能保存多日，
麵包上要均勻的沾
滿糖粉。

聖誕麵包

這是聖誕節的蛋糕麵包，即使涼了也很美味。巧克力錠和粗粒可可豆的口感是重點特色！

材料〔直徑8×23cm的環狀模型1個份〕

高筋麵粉 ⋯⋯⋯⋯⋯⋯⋯⋯⋯ 150g
乾酵母 ⋯⋯⋯⋯⋯⋯⋯⋯⋯⋯ 3g
砂糖 ⋯⋯⋯⋯⋯⋯⋯⋯⋯⋯⋯ 18g
鹽 ⋯⋯⋯⋯⋯⋯⋯⋯⋯⋯⋯⋯ 2g
脫脂奶粉 ⋯⋯⋯⋯⋯⋯⋯⋯⋯ 9g
蛋汁 ⋯⋯⋯⋯⋯⋯⋯⋯⋯⋯⋯ 15g
水 (請參照p.8) ⋯⋯⋯⋯⋯⋯ 78g
無鹽奶油 ⋯⋯⋯⋯⋯⋯⋯⋯⋯ 15g
巧克力錠 ⋯⋯⋯⋯⋯⋯⋯⋯⋯ 30g
粗粒可可豆 ⋯⋯⋯⋯⋯⋯⋯⋯ 15g
【可可醬】
　可可粉 (無糖)、水⋯⋯⋯ 各9g
【裝飾】
　融化的奶油液⋯⋯⋯⋯⋯⋯ 30g
　糖粉 ⋯⋯⋯⋯⋯⋯⋯⋯⋯ 100g

前置作業

● 揉入麵包麵團的奶油，先恢復成室溫回軟備用。
● 在模型中塗抹油脂 (起酥油等)。
● 將可可粉和水混合，製成硬度如黏土般的可可醬。

🧑‍🍳 進行至第一次發酵

1 請參照p.26麵包捲的步驟**1~11**，揉好麵團後讓它第一次發酵。經過摔打30次後，分割出100g作為可可麵團用，剩餘的作為白麵團用。在可可麵團中混入可可醬，分別摔打20~30次，再揉麵。

🧑‍🍳 分割&醒麵

2 麵團不要分割，只要滾圓，排放在鋼盤等容器中，蓋上充分擰乾的濕抹布，讓它鬆弛約10分鐘。

🧑‍🍳 整型

3 用擀麵棍將白麵團擀成10×15cm的長方形，可可麵團則擀得比白麵團小一圈。

4 在白麵團上疊上可可麵團，用擀麵棍擀成20×23cm的長方形。

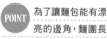

POINT 為了讓麵包能有漂亮的邊角，麵團長度要配合模型的長度。

5 麵團上方約保留1~2cm不放餡料，其餘部分均勻放上巧克力錠和粗粒可可豆，從面前開始捲成圓條狀，捲到最後充分捏緊接合口。接合面朝下放入模型中。

🧑‍🍳 最後發酵

6 在模型蓋打開的狀態下，在35~38℃的環境下，讓麵團發酵30分鐘，約變成1.5~2倍不到的大小。發酵大致的標準是，麵團脹發高度約比模型高度高3cm。▶請參照p.15的最後發酵

🧑‍🍳 烘烤

7 將露出的麵團輕輕的往內側壓回，蓋上模型蓋，放入預熱至200℃的烤箱中，約烘烤30分鐘。

8 烤好後，在麵團上塗上融化奶油液，待涼沾上糖粉後，用保鮮膜包好，放在常溫下靜置一晚。

POINT 為了能夠耐保存，麵包一定要沾滿糖粉。

揉麵15分
▼
第一次發酵50分
▼
分割·醒麵10分
▼
整型10分
▼
最後發酵30分
▼
烘烤30分

Total **145分**

December 12月

希望當作禮物
各式各樣的包裝法

烤麵包的技術若想進步，不妨把作品分享給他人。
受邀時將它當作伴手禮、紀念日的禮物，或是作為謝禮等，
只要稍微包裝一下，就能變成更精緻的禮物。

🎀 情人節時的幸福包裝法

WRAPPING

在透明盒中塞入填充紙，排入4個心形麵包，便成為象徵幸福的四葉酢漿草形狀。外面用印有英文字的透明玻璃紙捲包，再綁上紙緞帶作為裝飾。

🎀 率真、隨性的禮物

WRAPPING

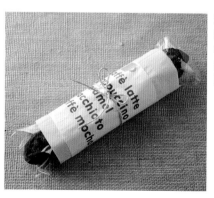

法國短棍麵包等有長度的麵包，可以先裝入塑膠袋中，再用有花樣的餐巾紙或紙張捲包，中央以細繩綑綁固定即可。

♔ 和風麵包用木籃＋和紙來包裝

WRAPPING

在木籃中放入紅豆麵包,用和紙捲包後,再以紙繩固定。上面如果加上一張日式的小卡片,會變成更有質感的伴手禮。

♔ 小麵包採三角包裝更可愛

WRAPPING

麵包放入大小剛好的小塑膠袋中,為了讓袋形呈三角形,袋口的方向和袋底呈垂直合攏後翻摺,再用釘書機將袋口和緞帶一起固定。

♔ 將整個圓形麵包當作禮物!

WRAPPING

用蠟紙包住麵包,放入喜歡的籃子中,連籃子一起作為禮物。還可以加上繩子和緞帶作為重點裝飾。

CHAPTER 4

悠閒慢食、自由自在
天然酵母麵包

天然酵母麵包的風味更豐富可口，目前人氣正持續上升中。
儘管需要多費點工夫，但自己培養出的酵母難能可貴。讓我
們來親自培養酵母，烘烤屬於自己的獨特麵包吧！

什麼是天然酵母？

許多人都想製作天然酵母麵包！可是，應該有很多人並不清楚什麼是天然酵母。
因此，在此針對天然酵母，先為各位做一番說明。

豐富的滋味，
源自於天然發酵

首先，我想說明市售的酵母粉和天然酵母有何不同？市販的酵
母粉，是工廠單純培養出的一種適合麵包發酵的菌種。與此相
對的，天然酵母則是由附著在穀類、蔬菜和水果等上面的菌種
自然發酵而成。在自然發酵的環境下，我們無法選擇特定的菌
種來培養。因此，其中必定含有醋酸菌、乳酸菌等各類菌種。天
然酵母麵包吃起口感偏酸，正因為酵母中含有醋酸菌和乳酸菌
的緣故。而多數菌種蘊釀出的豐富味道，也因此成為天然酵母
麵包最大的特色。而且，因為酵母是生物，對環境中不同的溫度
和濕氣等會產生很大的反應。因此，即使使用相同材料，也常會
做出不同風味的麵包。每次都能享受不同的風味，也可說是天
然酵母的魅力之一。

市售天然酵母也很方便使用

從水果、穀類或蔬菜等中，自己培養的自製酵母，光是培養菌種
就需要花費一週的時間。而且，初學者有許多較難克服的地方，
像是味道不穩定、容易失敗等。因此，想輕鬆製作天然酵母麵包
的人，建議你可以選用市售的天然酵母種。以釀造技術製作出
的星野（Hoshino）天然酵母，只要加入溫水中放置一天就能起
種，深受想輕鬆製作天然酵母麵包的朋友們的歡迎。右頁中將
介紹此種酵母的起種方法，請你先從這裡開始應用起。等熟練
之後，再參考p.148~149，挑戰自製酵母吧。

星野天然酵母
生種的起種法

先將市售天然酵母種加入溫水中起種。
因水溫不同，起種所需的時間也不同，
請由外觀、味道和香味等狀況來判斷。
在家裡製作～剛開始常用不完，
所以最好從半份材料開始製作。

「星野天然酵母麵包種」

天然釀造的味道和香味極富
魅力。由於味道和發酵力穩
定，而且方便使用，因此深受
大眾的歡迎。在甜點專賣店
或自然食品店等地均有售。

準備材料

星野天然酵母麵包種	100g
溫水 (30℃)	200g
玻璃瓶 (廣口)	1個
湯匙 (或攪拌棒)	1根

※將玻璃瓶和湯匙煮沸消毒後備用。

1 把溫水倒入玻璃瓶中，
再加入星野天然酵母麵包
種。

2 用湯匙充分攪拌混合，
若已變黏稠，暫放5分鐘讓
它鬆弛，之後再混合。

3 蓋上餐巾紙，以橡皮筋
固定，在30℃的環境下靜
置24～30小時 (若超過
40℃，酵母的作用會降低，
這點需注意)。

POINT 不要密封，要保持空
氣能流通的狀態。

4 讓它表面出鬆軟的泡
沫，變得如濃稠的濃湯一
樣。

5 嚐一下味道，如果味道
變得像酒一樣，帶有刺激
澀味的苦辣味，就表示完
成了。

[**保存**] 不要密封，用餐巾紙蓋住固定，
放入冷藏庫的蔬果室保存。因為它會
沉澱，所以時常要攪拌混合一下，並在
1～2週內用畢。

烏龍茶鄉村麵包

在源自法國的樸素鄉村麵包中，加入高雅的烏龍茶香。

材料〔1個份〕

高筋麵粉 …………………… 250g
星野天然酵母生種(請參照p.141) … 15g
砂糖 ……………………………… 5g
鹽 ………………………………… 4g
烏龍茶(已煮出的茶湯) ……… 140g
烏龍茶茶葉 …………………… 5g
防沾用高筋麵粉 ……………… 適量

前置作業

．烏龍茶茶葉剁碎備用。
．準備發酵籃(圓20cm)備用。

🎩 揉麵

1 在攪拌盆中放入高筋麵粉、砂糖、鹽和烏龍茶茶葉，整體充分混勻，在正中央弄個凹槽，倒入酵母生種和烏龍茶湯。

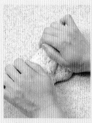

2 整體混合成一團後，將麵團移至揉麵檯，揉搓到麵團產生彈性為止，再繼續以按壓轉動的方式揉10分鐘。若麵團表面已變得光滑，揉麵作業即完成。

 POINT 因為天然酵母麵團比速發酵母菌麵團更纖細，所以不需摔打，只要稍微慢慢的揉搓即可。

🎩 第一次發酵

3 將麵團放入攪拌盆中，蓋上保鮮膜讓麵團發酵，約變成2.5倍大。(在25℃下，約發酵10小時，在30℃下，約發酵8小時，在32℃下，約發酵6小時)。

 POINT 因為發酵很慢，要花很長的時間，達到發酵的高峰大約也需花1個小時的時間。

🎩 分割・醒麵

4 麵團不要分割。滾圓後排放在鋼盤等容器中，蓋上充分擰乾的濕抹布，讓它鬆弛約30分鐘。

🎩 整型

5 在薄撒防沾粉的揉搓檯上取出麵團，修整成圓形，接合口朝上，放入撒了防沾粉的發酵籃中，輕壓表面讓它變平。

🎩 最後發酵

6 在35~38℃的環境下，讓麵團發酵60分鐘。發酵大致的標準是，麵團脹發高度約比模型高度矮1cm。▶請參照p.15的最後發酵

🎩 烘烤

7 若接合口裂開，用手指捏緊，蓋上烤焙紙，將發酵籃上下倒叩取出麵團，連同烤焙紙一起放在烤盤上。

8 在麵團上畫上很大的×號切口，在表面噴上水，放入預熱至200℃的烤箱中，約烘烤25分鐘。

揉麵10分
▼
第一次發酵6小時~
▼
分割·醒麵30分
▼
整型5分
▼
最後發酵60分
▼
烘烤25分

Total 約8小時~

天然酵母麵包　烏龍茶鄉村麵包

揉麵10分

第一次發酵2小時~

分割·醒麵25分

整型5分

最後發酵60分

水煮2分

烘烤13分

Total 約4小時~

144

酪梨硬麵包

這是方形的綠色硬麵包，裡面加入酪梨來取代水分。

材料〔3個份〕

高筋麵粉	150g
星野天然酵母生種(請參照p.141)	9g
砂糖	3g
鹽	2g
起司粉	15g
酪梨	112g
檸檬汁	3g

【裝飾】
　　披薩用起司、切丁起司 …… 各45g

前置作業

● 酪梨碾成糊狀，和檸檬汁混合後備用。

🎩 進行至第一次發

1 請參照p.142烏龍茶鄉村麵包的步驟1~3，揉好麵團後讓它第一次發酵。起司粉和粉類一起加入，酪梨取代水分(烏龍茶)加入其中。在室溫(25℃左右)下，讓麵團發酵2~3小時，約變成1.2~1.3倍的大小。

🎩 分割・醒麵

2 將麵團分割成3等份(各95g)，滾圓，排放在鋼盤等容器中，蓋上充分擰乾的濕抹布，讓它鬆弛約20分鐘。

🎩 整型

3 接合口朝下置於揉麵檯，用擀麵棍擀成13×11cm的長方形。

4 將周圍1cm的麵團往內摺，形成四個邊。

🎩 最後發酵

5 將麵團放在帆布上，在32~34℃的環境下，讓麵團發酵60分鐘，約變成1.5倍的大小。
▶請參照p.15的最後發酵

🎩 水煮

6 在鍋裡放入大量的水煮沸，加入砂糖或蜂蜜 1小匙(分量外)讓它融化，煮沸後轉小火，將麵團表面朝上放入鍋中，約煮30秒後翻面，再煮15秒。

 POINT 在水裡加入砂糖，能讓麵團烤出漂亮的顏色。熱水不要咕嘟咕嘟煮得太沸騰。

🎩 烘烤

7 將麵團放在鋪了烤焙紙的烤盤上，麵團上放上起司，放入預熱至200℃的烤箱中，約烘烤13分鐘。

芒果奶油醬起司麵包

酸甜的芒果和起司奶油醬的濃郁美味非常對味。

材料〔直徑8×H3cm的中空圈模5個份〕

高筋麵粉	150g
星野酵母生種（p.141請參照）	12g
砂糖	8g
鹽	2g
脫脂奶粉	6g
無鹽奶油	12g
水（請參照p.8）	78g

【餡料】

起司奶油醬（請參照p.107）	75g
芒果	60g
芒果泥	20g

前置作業

■ 芒果切成1cm的小丁，和芒果泥混合後製成芒果醬。

■ 揉入麵包麵團的奶油，先恢復成室溫回軟備用。

■ 在模型中塗抹油脂（起酥油等），放入鋪了烤焙紙的烤盤中備用。

進行至第一次發酵

1 請參照p.142烏龍茶鄉村麵包的步驟**1~3**，揉好麵團後讓它第一次發酵。脫脂奶粉和粉類一起加入，以水取代烏龍茶加入其中。揉搓到麵團產生彈性，加入撕小塊的奶油揉勻。

分割＆醒麵

2 將麵團分割成15g的10個、20g的5個，分別滾圓，排放在鋼盤等容器中，蓋上充分擰乾的濕抹布，讓它鬆弛約20分鐘。

整型

3 將15g的麵團，用擀麵棍擀成直徑7cm的圓形，20g的麵團擀成直徑8cm的圓形。

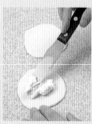

4 在1片直徑7cm的圓形麵團的正中央放上起司奶油醬（15g）。

5 在4的上面再蓋上1片直徑7cm的圓形麵團，捏緊邊端讓它黏合。

6 在直徑8cm的麵團上放上芒果醬（15g）。放到5的上面，一面拉起周圍的麵團，一面徹底捏合麵團。剩餘的麵團依照步驟**4~6**同樣作業。

 POINT 麵團一定要充分黏合，以免烘烤時破裂。

最後發酵

7 麵團的接合口朝下，放入中空圈模中，在35~38℃的環境下，讓麵團發酵60分鐘，約變成1.5倍的大小。 ▶請參照p.15的最後發酵

烘烤

8 在7的上面放上烤焙紙和烤盤（請參照p.70的步驟**7**），放入預熱至190℃的烤箱中，約烘烤13分鐘。

揉麵10分
▼
第一次發酵6小時~
▼
分割·醒麵25分
▼
整型10分
▼
最後發酵60分
▼
烘烤13分

Total 約8小時~

天然酵母麵包 芒果奶油醬起司麵包

挑戰自製天然酵母！

以自製酵母製作麵包時，
首先，要從蔬菜或水果中取得酵母來製作液種，
在液種中加入麵粉可製成元種。
雖然液種也能製作麵包，
但是元種比液種的發酵力強，
而且能做品質更穩定的麵包。

♡ 製作葡萄乾液種（約4天時）

準備材料

葡萄乾 (無裹油、儘量無農藥的) ⋯⋯ 100g
水 (20~30℃。儘量是飲用水或天然水)
⋯⋯⋯⋯⋯⋯⋯⋯⋯⋯⋯ 200~250g
玻璃瓶 (廣口) ⋯⋯⋯⋯⋯⋯ 1個
湯匙 ⋯⋯⋯⋯⋯⋯⋯⋯⋯ 1支
※玻璃瓶和湯匙要煮沸消毒後備用。

1 在玻璃瓶中放入葡萄乾，
倒入水。

2 加蓋，放在室溫中。最適
合在 20~25℃ 的環境下。

POINT 室溫太低，發酵會變
慢，室溫太高則容易
長黴。

3 從第2~3天開始，葡萄
乾開始膨脹，產生泡沫。
一天輕輕搖晃瓶子1~2次
(夏天2~3次)，然後打開
蓋子，釋放空氣。

POINT 中途若不釋放空
氣，開瓶時，葡萄等
內容物會噴出來。

4 從第3~4天開始會產
生較多泡沫，葡萄乾開始
浮上來。

5 隔天，若葡萄乾全部浮
上來，散發出淡淡的酒香，
就表示完成了。

[保存] 用乾淨的紗布等過濾後，裝入瓶中，
放入冷藏庫的蔬菜箱保存。在2週~1個月間使
用完畢。

🍴 製作葡萄乾元種（約5天時間）

準備材料

葡萄乾液種 ………………………	120g
全麥麵粉 …………………………	100g
高筋麵粉 …………………………	200g
水（20~30℃。儘量是飲用水或天然水）	
	60g
玻璃瓶（廣口的大瓶子）…………	1個
湯匙 ………………………………	1支

※雖然也能用高筋麵粉取代全麥麵粉,但用全麥麵粉發酵力較佳。

※玻璃瓶和湯匙要煮沸消毒後備用。

4 〔第2天〕經過1天後從瓶中取出,加入高筋麵粉50g和剩餘的液種20g輕輕混合,倒回瓶中,加蓋後放在室溫中3~7小時。

5 當麵粉膨脹成2倍,放入冷藏庫的蔬菜箱中。

1 〔第1天〕在玻璃瓶中放入全麥麵粉和100g液種。

6 〔第3天〕經過1天,以20g的水取代液種,再重複**4**、**5**的作業3次。

2 用湯匙混合,不要過度攪拌混合。

7 〔第6天〕放入蔬菜箱,再經過1天就完成了。

3 在瓶上加蓋,或是蓋上保鮮膜放在室溫中4~10小時,讓它膨脹約2倍,再放入冷藏庫的蔬菜箱中。

POINT 用標籤等貼在內容物的上緣,做上記號較能清楚了解膨脹情形。

[保存] 蓋上蓋子,放入冷藏庫的蔬菜室中保存。要繼續製作元種時,每3~4天,重複進行步驟6的高筋麵粉和水的混合作業。但是,一直持續的話,菌種的發酵力會降低,並產生酸味,不放心的話可停止使用。（約可持續使用2~4週）。

CHAPTER 4

天然酵母麵包 挑戰自製天然酵母!

揉麵15分
▼
第一次發酵6小時~
▼
分割·醒麵40分
▼
整型5分
▼
最後發酵60分
▼
烘烤30分

Total 約8小時30分~

酵母麵包

因為是很單純的麵包，所以用熟成的天然酵母來提引美味。

材料〔20×10×H11.5cm的吐司模型1個份〕

高筋麵粉	300g
葡萄乾元種（請參照p.149）	135g
砂糖	9g
鹽	5g
無鹽奶油	15g
水（請參照p.8）	180g

前置作業
- 揉入麵包麵團的奶油，先恢復成室溫回軟備用。
- 在模型中塗抹油脂（起酥油等）。

🍞 揉麵

1 在攪拌盆中放入高筋麵粉、砂糖和鹽，整體混合均勻，一面弄散元種，一面放入其中。

2 倒入水，用刮板將整體混合成為一團。

3 將麵團移至揉麵檯，揉搓到產生彈性。在麵團中放入撕小塊的奶油，再以按壓滾動的方式揉搓10~15分鐘，麵團表面變得光滑就完成了。

 POINT 因為天然酵母麵團比速發酵母麵團細緻，所以不要摔打，揉搓方式也稍微緩和一點。

🍞 第一次發酵

4 將麵團放入攪拌盆中，蓋上保鮮膜，讓麵團發酵約變成2.5倍大。（在25℃下約10小時、在30℃下約8小時、在32℃下約6小時）

🍞 分割·醒麵

5 麵團不要分割，滾圓後排放在鋼盤等容器中，蓋上充分擰乾的濕抹布，讓它鬆弛約40分鐘。

🍞 整型

6 接合口朝上，放在揉麵檯上，輕輕的用手壓平，用擀麵棍擀成12×20cm的長方形。

7 將麵團上、下往正中央翻摺，從接合口上方按壓，形成溝槽。再從溝槽對摺成一半，讓接合口徹底黏合。

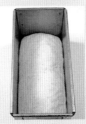

8 麵團的接合口朝下，放入模型中，用手按壓麵團修整均勻。

🍞 最後發酵

9 在35~38℃的環境下，讓它發酵60分鐘，高度約變成和模型等高。▶請參照p.15的最後發酵。

🍞 烘烤

10 放入預熱至200℃的烤箱中，約烘烤30分鐘。

餅乾麵團和卡士達醬的作法

以下將介紹製作麵包經常會用上的基本餅乾麵團和卡士達醬。
在此基材中加入可可粉或醬類，就能輕鬆變換不同的口味。

🐚 餅乾麵團（糊）

材料（約180g份）

低筋麵粉 ································· 90g
白砂糖 ································· 30g
無鹽奶油 ································· 30g
蛋汁 ································· 30g

1 在攪拌盆中放入已恢復成室溫的奶油，用橡皮刮刀攪拌成乳脂狀後，加入白砂糖攪拌混合到泛白為止。

2 加入蛋汁，混拌變得細滑均勻。

3 加入過篩的低筋麵粉。

4 用橡皮刮刀混拌整體，若麵團混成一團後，用保鮮膜包好放入冷藏庫中讓它鬆弛30分鐘以上。

※可可麵團是可可粉和低筋麵粉一起加入。

製作柔軟的餅乾麵團（糊）

5 在步驟4時加入15g鮮奶，混拌變得細滑為止。

6 裝入擠花袋中，放入冷藏庫中讓它鬆弛30分鐘以上。為了避免麵團從袋中擠出，袋子前端要綁緊。

❤ 卡士達醬

材料（約180g份）

鮮奶 ···················· 125g
蛋黃 ···················· 1個份
白砂糖 ·················· 30g
低筋麵粉 ················ 20g
香草莢 ·················· 2cm

1 在鍋裡放入鮮奶、半量的白砂糖和香草莢的種子及豆莢後，加熱到快要沸騰。

2 在攪拌盆中放入蛋黃和剩餘的白砂糖，用打蛋器攪拌到泛白為止。

3 加入過篩的低筋麵粉混勻。

4 將1和3慢慢的倒入其中混勻。

5 用濾網過濾，取出香草莢。

6 放入鍋中，一面以小火加熱，一面混拌成泥狀。

7 倒入不鏽鋼盤或容器中，緊密的蓋上保鮮膜，放涼後，放入冷藏庫中。

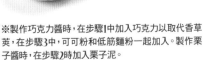

※製作巧克力醬時，在步驟1中加入巧克力以取代香草莢，在步驟3中，可可粉和低筋麵粉一起加入。製作栗子醬時，在步驟2時加入栗子泥。

麵包用具型錄

從做麵包不可或缺的必用品,到各種方便的工具等,以下將針對製作麵包的用具,一一詳加解說。當你看到琳瑯滿目的器具,便能了解製作麵包並不需要用到太特殊的器具。

攪拌盆

攪拌盆可用來發酵麵團或混勻材料。準備大、小各一個就夠了。建議你可以選用耐熱玻璃製或不鏽鋼製的產品。

秤

在精確的製作麵包上,雖然有時要用到可秤出小數點以下的g數的秤,但是家庭用的話,能秤到1g就行了。選擇材料能放在容器中直接秤重的機型較為方便。

量杯

量杯可用來計量液體。不過,為了能輕鬆、正確的計量麵包麵團所有的材料,液體也常以g來標示。

量匙

量匙是用來計量少量的粉末或液體。但是,製作麵包上,乾酵母或鹽等少量粉類也以g來標示,因此大多以秤來計量。

刮板

刮板可用來混合、分割麵團等,是用途廣泛的利器。利用彎曲的部分,能將黏在攪拌盆上的麵團徹底刮淨。要將發黏的麵團混拌成一團時,同時使用2片刮板非常方便

保鮮膜

第一次發酵時,可用保鮮膜來覆蓋盛麵團的攪拌盆。透明的保鮮膜,麵團狀態一目了然,能有效避免麵團乾燥。每次用畢即丟,衛生有保障。

擀麵棍

擀麵棍可用來擀開麵包麵團,長度30~40cm的較易使用。另外也有不鏽鋼製的產品,以及專門用來在麵團表面擀出凹凸,或整型時擠出氣體的擀麵棍。

揉麵板

這種揉麵板能夠清洗,揉搓麵團時很衛生。因麵團容易剝離,所以只需撒上少量的防沾粉。而且它不易殘存味道,除了麵包以外,要揉搓派或塔的麵團時也能使用。

工作手套

從模型中取出烤好的麵包,或是要從烤箱中拿出小麵團時,比起隔熱手套,5支指頭都能動的工作手套更方便。因烤盤很燙,所以也可以戴2層。

麵包刀

麵包刀的刀刃呈波浪狀，能輕鬆切斷麵包的硬皮，以及漂亮的切齊柔軟的內餡。麵包不要用壓的方式來切，用鋸的方式比較好切。

廚房用剪

在麵團上剪出十字切口，或是麥穗麵包整型作業上，要剪出較深的切口時，都可使用剪刀。不容易剪開麵團時，可以將剪刀沾濕後再使用。

噴霧器

它是烘烤法國麵包時的必備品。烘烤前在麵團上噴上水，才能烤出酥脆的麵包皮。噴的時候，儘量讓水分變成細緻的霧氣。

切口刀、剃刀、刀子

在麵團上畫切口時，可使用這些刀具。市售的剃刀的刀刃有弧度，最適合用來畫切口。將竹籤穿入刀片的刀刃中，可自製切口用的刀具。也可以直接使用刀子來切割。

帆布

製作法國麵包等硬質麵包，在最後發酵階段讓麵團鬆弛時，會放在帆布上。帆布的織紋較粗，不易沾黏麵團，也不易使麵包的水分散失。

烤焙紙

為避免麵團沾黏在烤盤上，可鋪上烤焙紙。除了有每次替換的紙製產品外，還可以選用能清洗重複使用的經濟型矽膠製烤焙墊。

模型

麵包用模型琳瑯滿目，基本上希望讀者一定要準備吐司麵包模型，及磅蛋糕模型這兩種模型。建議吐司麵包模型可以準備山形及方形兩種款式。

溫度計

不同的室溫和材料溫度，對製作麵包有很大的影響，因此溫度管理相當重要。為了了解酵母菌容易作用的環境，也會需要用上溫度計。

定時器

製作麵包時，發酵、醒麵、讓麵團鬆弛等，經常需要長時間的等待。設定定時器後，時間到了透過聲音能夠得知，讓人感到放心。

茶濾

要撒裝飾用糖粉或可可粉等粉類時，或是撒防沾粉時，都可使用茶濾。它能將粉類薄薄的、漂亮的撒在麵包上。要過濾少量的液體時也能使用。

毛刷

在麵團上塗上裝飾用奶油、蛋汁和油的時候會使用上。為儘量避免塗刷時弄傷麵團，建議選用軟毛刷。尼龍製毛刷不但容易清洗，也能輕柔的塗刷。

麵包材料型錄

麵包的材料非常單純。因此，材料品質的好壞和配方的平衡變得相當重要。
若你能了解各材料的特色和作用，一定能更愉快的享受製作麵包的樂趣。

高筋麵粉

麵粉中含有最多蛋白質的是高筋麵粉，因為容易形成麵筋，所以最適合製作麵包。它的粒子粗、顆粒鬆散，不過日本產和外國產的產品，吸水力有很大的差異。本書中，是使用日本產麵粉。

全麥麵粉

這是以整顆小麥碾製的粉。因此，內含豐富的食物纖維、礦物質和維他命。因為加入了外殼，所以麵筋容易斷裂、膨脹力也降低，適合用來製作口感紮實厚重的麵包。

裸麥粉

這是德國、東歐等無法栽種小麥的寒冷地區，常使用的材料。由於它幾乎無法形成麵筋，所以單用裸麥製成的麵包很難膨脹。為此，裸麥麵包的口感很厚重硬實。另外的特色是具有獨特的酸味。

玉米粉

它是以玉米碾製的粉。粗碾玉米粉英文稱「corn grits」，中碾為「corn meal」，碾成粉末狀的為「corn flour」。英國馬芬的外表，經常會沾上玉米粉。

鹽

鹽除了能使麵包有鹹味外，還能增加麵筋韌性、和控制發酵作用，同時也有避免麵團老化的功用。不論使用精製鹽或天然鹽都行。在本書中是使用天然鹽。

砂糖

砂糖最大的作用，是幫助酵母菌發酵產生營養。還具有增加麵包甜度和烤色的作用。本書中，是使用黃砂糖(俗稱二砂)，它比上白糖含有更多的礦物質，和獨特的濃郁風味。

乾酵母

乾酵母具有發酵作用,可以使麵包麵團膨脹。雖然也有生酵母等產品,但是不用預先發酵的速發乾酵母,使用起來更方便。開封後,需放入密封容器中以免接觸空氣,再放入冷藏庫中保存。

鮮奶、脫脂奶粉

這兩種材料能取代水加入麵團中,來增加麵包的濃郁口感與香味,它也能使麵包的烤色更漂亮。能輕鬆加入麵粉中呈粉末狀的脫脂奶粉最為常用。它的保存期限也較長,要用時很方便。

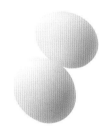

蛋

在麵包麵團中加入蛋,能烤出濕潤、柔軟的麵包,因此風味豪華的麵包常會使用。除了混入麵團中之外,要裝飾麵包表面時也會塗刷蛋汁,使烤出的麵包更有光澤。

奶油

奶油除了能增加麵包的美味與質量外,還能增進麵團的延展性,所以想讓麵包柔軟又有彈性,可以加入奶油。製作法國牛角麵包時,它能使麵團產生酥鬆的層次。在本書中,基本上是使用無鹽奶油。

水果乾

以果實乾燥而成的水果乾,和麵包搭配非常對味。只需用烤箱以低溫烘烤,在家也能自製水果乾。在p.114和p.122中,分別有介紹草莓乾及小番茄乾等的製作方法。

乾果

核桃、杏仁、花生等果仁,和麵包也超級對味。芳香的風味和酥脆口感,能使麵包展現特色風味。它能作為裝飾或餡料,是變化麵團風味不可或缺的食材。

製作麵包Q&A

製作麵包是處理酵母菌這種生物的作業。
因此，常會遇上意外的狀況。
以下，將針對常見的失敗情況和問題，
為你加以解答。請務必參考。

即使不斷揉搓，麵團依然發黏，無法結成一團。是不是我的揉麵方法不對？

在最後發酵階段，麵團無法膨脹。

烤好的麵包，馬上變得很硬。

請先確認所有材料的計量是否正確。如果計量都正確，可以考慮以下2個因素。第一是粉類和水的溫度。使用的粉類和水若溫度太低，粉類的吸水力會變差，麵團容易發黏。粉類若放在冷藏庫中保存，使用前要先讓它恢復成室溫，水的部分如同p.8所述，在冬季時水尤其要加熱後使用。第二是使用不同的粉，吸水力也不同。例如，日本產的麵粉比外國產的吸水力弱，所以使用外國產的小麥製成的麵粉，按照食譜配方來製作的話，麵團容易發黏。嚴格說來，不同粉類的吸水力都不同，基本上，將外國產麵粉用的配方，以日本產麵粉來製作的話，水分量最好調整成減少5%。本書中，是使用日本產的麵粉來製作

發酵溫度如果太低，麵團就無法膨脹。請先仔細確認，麵團是否在最適當的溫度下發酵。另外，揉麵過度，損傷麵團，或是麵團太乾等，都會使它的膨脹情況變差。處理麵團時請特別注意這些要點。第一次發酵不足時，可以拉長最後發酵的時間來彌補。

雖然有許多原因都能造成這種現象，但首先可以考慮麵團是否揉搓不足，或者揉搓過度。揉搓不足，無法形成完整的麵筋膜，揉搓過度又會破壞麵筋膜，兩者都會使麵包的膨脹力變差，使麵包變硬。製作紮實完整的麵筋膜非常重要。可是，不同麵包的揉搓方法也互異，所以請你參考食譜中的說明步驟來揉麵。另外，麵團在低溫下長時間烘烤，粉類的水分減少太多，也會使得麵包變硬。

 麵包無法烘焙出漂亮的烤色。

 烤箱太小，無法一次烤太多的麵團。

Q6 **烤好的麵包，該如何保存？**

碰到這種情形，可以考慮是否烘烤時間太短，或是烘烤的溫度太低。依照食譜中的溫度和時間來烘烤雖然重要，可是因烤箱機種不同，多少會有差異，所以弄清家裡烤箱的特性十分重要。此外，在第一次發酵或最後發酵時，麵團發酵過度，也會導致烤色變淡。這是因為會形成烤色的糖分，同時也是酵母菌的營養來源，所以如果發酵時間太長，麵團中的糖分會被酵母菌消耗太多。

在這種情況下，麵團可以分2次來烘烤。將揉好的麵團分成2份，一份依照一般狀況讓它第一次發酵後烘烤。剩餘的麵團用保鮮膜包好，放入冷藏庫中避免發酵，經過20~30分鐘後，再從冷藏庫中取出，讓它第一次發酵後再烘烤。

吐司麵包先切片，每片分別用保鮮膜包好，放入冷凍保存用的密封袋中，再放入冷凍室中保存。要吃時，可以解凍後直接食用。小餐包或等軟麵包類，也直接包好冷凍保存，而法國麵包等硬麵包類，可先切成好食用的大小，分別用保鮮膜包好，和吐司麵包一樣的保存。要吃時，讓麵包自然解凍，稍微烘烤一下再食用。任何一種麵包，最好在2週內食用完畢。甜點麵包和調理麵包不適合冷凍保存，建議最好儘早食用完畢。

PROFILE

松本洋一

目前主持「Soleil」麵包教室。他曾一面在公司擔任系統工程師，一面學習製作麵包。

「希望讓更多人了解，透過製作麵包與人接觸的樂趣」，源於這樣的想法，2003年，他在橫濱市開辦麵包教室。

在教室中，他首重和學生溝通交流，同時他也是一位絕對理性的理論派麵包講師，他表示「和科學、物理和數學一樣，製作麵包是一個理性的世界」。

他基於豐富知識的獨創食譜內容，深獲大眾一致的好評。

麵包教室「Soleil」　http://www.pain-classe.com

TITLE

我做的麵包可以賣！

STAFF

出版	瑞昇文化事業股份有限公司
作者	松本洋一
譯者	沙子芳
總編輯	郭湘齡
責任編輯	林修敏
文字編輯	王瓊苹、黃雅琳
美術編輯	李宜靜
排版	六甲印刷有限公司
製版	明宏彩色照相製版股份有限公司
印刷	皇甫彩藝印刷股份有限公司
戶名	瑞昇文化事業股份有限公司
劃撥帳號	19598343
地址	新北市中和區景平路464巷2弄1-4號
電話	(02)2945-3191
傳真	(02)2945-3190
網址	www.rising-books.com.tw
Mail	resing@ms34.hinet.net
本版日期	2013年9月
定價	350元

ORIGINAL JAPANESE EDITION STAFF

撮影	盛谷嘉主輔（ミノワスタジオ）
アートディレクション	大薮胤美（フレーズ）
カバーデザイン	平澤優子（フレーズ）
本文デザイン	中村志保
スタイリング	宮澤由香
編集制作	村山千春（食のスタジオ）
企画・編集	成美堂出版編集部（新倉砂穂子、川上裕子）

國家圖書館出版品預行編目資料

我做的麵包可以賣！／松本洋一著；沙子芳譯.
-- 初版. -- 新北市：瑞昇文化，2011.08
160面；18.2×23.5公分

ISBN 978-986-6185-66-3 (平裝)

1.點心食譜　2.麵包

427.16　　　　　　　　　100015593

OUCHI DE KANTAN TEDUKURI PAN
© YOUICHI MATSUMOTO 2009
Originally published in Japan in 2009 by SEIBIDO SHUPPAN CO., LTD..
Chinese translation rights arranged through DAIKOUSHA Inc., Kawagoe. Japan.